一缸一景一世界

从这本书爱上水景缸

王振宇 瞿羽佳 主编

U0385948

黑龙江科学技术出版社
HEILONGJIANG SCIENCE AND TECHNOLOGY PRESS

序

我和翟羽佳只是两个平凡的水族爱好者，我们喜爱水族。从最初的养鱼到后来景观缸体的制作，都是源于我们对水族的热爱，或者说对自然的热爱。

从小时候在阳台饲养的一缸孔雀鱼，到后来在大学宿舍偷偷饲养的一只小草缸，只是当作一种小小的爱好。闯过北京城，当过学徒，做过造景师，最后开设了自己的水景店铺。可能因为"水族"是真爱，就有了自己的公众号——水族，开始分享并传播水族造景的知识。我从未想到会有如此多的水族爱好者。随着粉丝的增多，我找到了许多志同道合的新朋友，同时也坚定了我从事水族事业的信心。

随着生活水平的提高，生活节奏的加快，水景缸被越来越多的人所认知。喧嚣的城市中，水景缸成了我们这群水族爱好者的宁静港湾。

记得在电视上到一个节目：男女朋友分手，原因是男方竟然在鱼缸面前可以坐 4 小时。这个节目的播出可以说是轰动了水族圈，因为基本喜爱水族的玩家都认为这是很正常的。在别人眼里我们可能真的是一群疯子吧。

无论去哪里游玩，甚至是去国外，我第一时间去到的地方一定是当地的花鸟鱼市场。我爱人戏称我为"草癌"患者，我很喜欢这个称呼。

水景缸真的有这么一种魔力吸引着我，观察每一棵水草，每一条鱼，每一只小虾，每一个细节都是一种乐趣，一种纯粹的宁静。

现在的水族已经不再是指简单的养鱼和养草了，玩法越来越多了，它涵盖了水景缸、苔藓微景观、水陆缸、雨林植物缸等。

目前，水景缸已经达到了一种艺术作品的境界，简单的入门小品也变成了一种费时耗力的高雅爱好。从小小的水景店铺，到后来的占地 5000 平方米的景观花卉培育基地，我也从"不务正业"变成了父辈们眼中的"败家子"。我从来没有想到会以此为事业并为之奋斗。

很难得有这么一个机会可以和全国的水族爱好者分享我的水族景观制作经验和技巧。希望本书可以让大家轻松地入门水景设计，打造一只属于自己的景观缸体。

　　我们只是普通的水族爱好者，只是比大家多玩了几年，甚至越玩越疯狂罢了。因为我们喜爱水族，不！是热爱水族，并为之疯狂！

　　在此感谢翟同学同意我在这里自由地说说写写。我们就是喜欢玩水族，并坚信水族是一种生活，植物是一种态度！

王振宇

2020 年 10 月 18 日

CONTENTS
目录

第一章
家居水景缸的魅力

水景　因为手植所以珍贵 / 007
水景缸　美化你的家居空间 / 008
苔玉　感受植物本质之美 / 012
苔藓微景观　耐看且易活 / 015

CONTENTS

第二章
水景缸由哪几部分组成

缸体——景观制作的根基 / 020
光——水草的生命 / 023
控制好照明时间 / 031
过滤系统——维持生态平衡 / 033
选择正确的过滤方式 / 038
土壤——水草的温床 / 046
二氧化碳——水草的"氧气" / 051

第三章
用什么美化你的水景缸

水景缸常用石材 / 063
如何挑选石材 / 071
水景缸常用木材 / 073
如何挑选沉木 / 079
化妆砂的妙用 / 081

第四章
水景缸造景中的美学应用

造景中的美学构图 / 091
黄金比例和视觉焦点 / 094
八个塑造景深的常用技巧 / 095
常见的水景缸造景风格 / 097

第五章
水景缸常用水生植物有哪些

常用的前景草 / 103
常用的中景草 / 108
常用的后景草 / 114
常用的水榕类水草 / 124
常用的浮生类水草 / 128
常用的莫丝种类 / 131
常用的苔藓种类 / 137
如何选购水草 / 140

第六章
水景缸常用生物有哪些

观赏鱼的选择 / 146
观赏鱼混养搭配要点 / 165
观赏虾的选择 / 166
观赏虾混养搭配要点 / 171
观赏螺的选择 / 172
如何选购观赏鱼 / 176
总有一些意外发生 / 179

第七章
打造一个属于你的水景缸

家居小缸 / 187
办公室案头小缸 / 192
圆形缸的妙用 / 197
苔玉的制作 / 200
佗玉的制作 / 207

第八章
如何长久地
维护你的水景缸

水景缸硬件设施的维护 / 214
水景缸的日常维护 / 219
水族器材常出现的问题 / 225
水景缸的光照、换水和观赏鱼的喂食 / 229
水草病害的预防 / 232
水草出现疾病的原因 / 237
常见的藻类及治理措施 / 249

第九章
桌面小品
苔藓微景

苔藓微景观素材的选择 / 264
苔藓微景观的制作过程 / 270
苔藓微景观的后期养护 / 277

第十章
水景缸欣赏

ADA 中国展厅内水景缸欣赏 / 280

CONTENTS

附录 / 294
写在最后 / 301

第一章
家居水景缸的魅力

每当看到水族店中色彩斑斓的水景缸时，你会不会想"这些美丽的水景和漂亮的观赏鱼究竟是从什么时候出现的呢？"

其实早在中国的汉代，人们就在野外发现了金色的鲫鱼。最初，人们将其当作祥瑞供奉起来。伴随着时间的推移，越来越多颜色各异的鲫鱼被百姓饲养起来。慢慢地，观赏鱼文化逐步盛行起来。

宋代的皇帝们除了吟诗作赋之外，还在皇宫中修建了众多园林水池，水中饲养了各色观赏鱼，一时之间，饲养彩色的观赏鱼风靡一时。颇爱吃肉的苏东坡先生就曾在杭州开化寺的金鱼池前写下"沿桥待金鲫，竟日独迟留"的诗句。由此可见，观赏鱼文化在当时的盛行。

不要以为古人离开了鱼池就没办法养鱼了，聪慧的古代手工匠人为了满足富足人家在家中饲养观赏鱼的需求，手工制作了大小各异的木海、石海等器皿。买些红色鲫鱼放在木海中，点缀些许荷花，正是家中富足的象征。

当然，喜欢观赏鱼的可不仅仅是中国人，工业革命后的欧美国家的贵族和富商，在对日常的旧有炫富渠道感到不满的时候，一些颜色特异、来自神秘南美洲的小鱼引起了这些人极大的注意。在用珐琅制作而成的彩色鱼缸里，放入这些不远万里而来的珍贵观赏鱼，在当时可是一项令欧洲贵族都备感压力的奢侈爱好。

在 19 世纪的美国，除了鳞次栉比的高楼之外，还有许多大大小小的水族店分布在街头巷尾。倘若你游走于 1896 年的纽约街头，只需要 10 美分，就可以从报亭当中购买一份名为《The Aquarium》的水族杂志。正是这本从 1892 年每月发刊一次的专业水族宠物杂志，让更多的消费者在几十年的时间中了解到了大自然的魅力。

PRICE, TEN CENTS

THE AQUARIUM

ISSUED IN THE INTERESTS
OF THE STUDY, CARE AND
BREEDING OF AQUATIC LIFE

VEILTAIL TELESCOPE GOLDFISH
Half Life Size
Carassius auratus, var. chinensis pendulifinoudalis
Photograph Copyright, 1912, by Wm. T. Innes, Jr.

MAY 1912

PUBLISHED AT PHILADELPHIA, PA.
BY THE AQUARIUM SOCIETIES
OF THE CITIES OF
NEW YORK : BROOKLYN
CHICAGO : PHILADELPHIA

Vol. I   No. 2

◎《*The Aquarium*》关于金鱼种类的介绍

◎ 早期的一体化水族箱整体出售搭配方
案，包含观赏鱼类和水生植物套餐

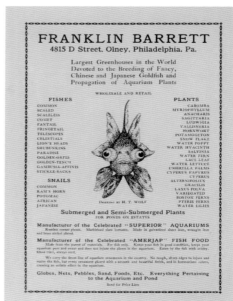

◎早期的水族广告，介绍富兰克林的水族店，世界上最大的温室基地，致力于中国金鱼和水草的繁育

◎《The Aquarium》为在纽约即将举办的水族用品展览而做的报道，其中不仅有最新发明的增氧泵，还提及了来自中国的金鱼，以及对于理想加热系统的构想图

     在 20 世纪之初，你可以在纽约哈德逊航站楼大厅的 18 号展位购入产自日本的鱼食，也可以在 WM.L.PAULLIN 购入专为金鱼养殖的水草。以如今视角来看，这些一个多世纪前的疯狂景象正是推动如今水族行业不断发展的原因之一。正因如此，伴随着时代的变迁，从 20 世纪 40 年代的荷兰景（荷兰景以饲养水草为主，水草的布置要有层次感，呈阶梯式递增变化，并根据水草的颜色、形态塑造出完美和谐的整体效果）不断地发展，到 70 年代日本独特的自然水景风格，直至今日全世界不断追求的尽善尽美的水草景观，都无一例外的以接近自然、还原自然本身为目标。而大家所做的一切都是为了能够在家居生活中观赏到纯粹的水下世界，这是一种视觉和精神上的双重享受。

一缸一景一世界　从这本书爱上水景缸

水景
因为手植所以珍贵

　　水族景观都是纯手工制作的，每一只水族景观缸体都融入了作者的创作意愿，赋予了其独特的灵魂和魅力，每一只水景缸都可以说是独一无二的存在。展现水下世界的同时，融入美学的原理，还原自然生态的水下世界，是一幅绝美的水下画作，也是一次绝妙的旅程体验！

　　古人都是把陶瓷水缸摆放于庭院，意为"吉祥缸"，家里若是没有一些植物和花鸟则会显得冷清，缺乏生气，因此很多富足人家都会在"吉祥缸"里养殖金鱼和荷花等观赏性动植物！"吉祥缸"既可以防火，又可以美化环境，同时提升自我的精神修养。

　　现代的水族景观缸体，更多的时候起到美化家居和陶冶情操的作用。忙碌了一天，回到家，看到自己亲手打造的水景缸，慢慢地观察，仔细地品味，会有一种置身于大自然的宁静，心情得以放松。逗逗鱼，看看草，岂不快哉？

水景缸
美化你的家居空间

　　水景缸在家居中有许许多多的妙处，通常人们喜欢把水景缸摆放在客厅里，供家人和客人观赏，给单调的生活带来不一样的精彩！绿色水草，加上色彩斑斓的观赏鱼、虾，不仅典雅而且富有情趣，实用性也很强。尤其是在北方地区，在客厅放置一只水景缸，不仅可以补充光源，其加湿效果也很不错。

　　若书房里放置一只水景缸，安宁和平静的绿色可以让此处显得素净、雅致，增添一丝的生机，促进文化与自然的交融，令其相得益彰。

　　开放式的客厅和餐厅甚至是玄关位置，可以选择双面观赏的水景缸，不仅可以当作隔断来使用，也是公共空间和私密空间的分割点。分割空间的同时，又可以美化室内环境，增加生机和趣意，美丽的景观，不经意地一瞥也会成为我们转换心情的"开关"，让整个空间变得更加富有活力和有趣！

案头小缸，是时下最流行的一种景观缸体，我们可以将绿意盎然的迷你水景缸置于办公桌、书案、茶台等地，工作学习的同时，可以消除疲劳，愉悦心情。迷你可爱的水景缸，生机勃勃，让压抑的工作气氛变得轻松起来。

随着时代的发展，水族景观缸体也有了更多的应用空间，除了家居景观缸体，更多的是商业空间的应用。各种景观缸体层出不穷，独特的水族景观和水族文化，在造景师的手里赋予了不同的意义。

水族景观和环境相融，不仅可以装点空间，愉悦心情，而且可以赚足人们的眼球，作为文化传播的桥梁。水族景观和企业文化相融合，可以更好地体现企业文化，更容易宣传自身的文化底蕴和得到客户的认可。

各种园区、动物园、植物园、海洋馆、研学基地，甚至是国际化的机场都出现了越来越多的景观缸体，它们更加直观地展示了各种水生动植物的生活环境，通过直观的方式增加人们对于环境保护的认知。

水族行业发展至今已有上百年的历史，从简单的瓷质鱼缸，到尺寸各异、形状各异的各种缸体。目前，市场上常见的缸体分为长方形或方形水族箱的常规缸体和异形缸体，其中，常规缸体已经占据了家居水景缸的主导地位。

常规家居水景缸可以分为开放式和封闭式两种，开放式的水景缸多以玻璃材质为主，尺寸差异大，长度从 15~400cm 都可见到，常被制作成水草景观缸体、水陆景观缸体或者雨林景观缸体。

封闭式的水景缸多以老式水族箱为主，这一类水族箱尺寸往往偏大，大部分都是 60cm 以上缸体，最大可达到 300cm。通常被用于养殖观赏鱼类为主，也有一些被改造制作成水陆景观。

开放式的玻璃缸多为新兴起的水景缸，没有顶部封闭的顶盖，简洁大方，以 5 面超白玻璃（超白玻璃是一种超透明低铁玻璃，是一种高品质、多功能的新型高档玻璃品种，透光率可达 91.5% 以上，具有晶莹剔透、高档典雅的特性，有玻璃家族"水晶王子"之称）或至纯玻璃（使用更加先进的技术配方、更严格的工艺管理，色彩的还原度、断面亮度均大幅提高，是超白玻璃的升级产品）粘贴而成，可以根据需要定制任意尺寸。开放式水族箱更加适合水草景观的搭建和后期的维护，可塑性高，可以根据不同的情景或个人喜好，制作不同种类的景观（如水景、水陆景观、苔藓微景观等）。

我们常常可以在市场上见到的超白缸尺寸有：

名称	长 /cm	宽 /cm	高 /cm	水容量 /L	玻璃厚度 /mm
小型水景缸	30	30	30	27	4
	45	30	30	41	6
中型水景缸	60	30	36	65	6
	60	45	45	122	8
	90	45	45	182	10
大型水景缸	120	50	50	300	12
	150	60	60	540	15

　　这些由玻璃制作而成的开放式水景缸不仅外观漂亮，而且透光度高。在水族景观的制作过程中和后期的打理维护中更加便于操作，可以制作更多有趣多变的景观骨架，也可增加室内空气湿度，在美观的同时亦有一定的实用价值。

　　在我们的家居生活中，某些时候长方形缸体可能不是最优选择，水景缸往往是搭配家装空间有所变化的，所以出现了许多特殊的形状缸体，例如，三角形缸体、圆柱形缸体、椭圆形缸体、L形缸体、酒杯形缸体等，我们统称为异形缸体。

　　异形缸除了在外形上有所差异外，也会采用不同的材质，如比较流行的亚克力圆柱形缸体等。在异形缸的制作过程中对材料和工艺要求相对较高，由玻璃制成的异形水景缸通常由四片至几十片玻璃组成。

　　精巧的水景缸可以安置在我们喜欢的所有地方，从卧室到办公室，无论何种场景，都可以在其中摆放自己心仪的水景景观。小小的玻璃瓶也可以用于制作精美的水景，伴随着自然生长的植物，五彩缤纷的颜色，游弋的鱼儿，观赏的同时愉悦心情，让我们感觉到无比的放松。

　　在狭小的空间里，异形缸或者异形瓶往往可以焕发不一样的光彩！从客厅到办公室，从家居空间到商业空间，一只玻璃罐、一个沙拉碗制作精美的景观，会让整个空间充满生机，让人感觉更加有趣。

苔玉
感受植物本质之美

　　苔玉是一种通过不同植物搭配组合与苔藓完美结合的小型盆栽，兴起于日本。在简易的培养基质上可以进行不同类型植物的搭配，其中有一些可以选择陆生植物。

　　对于苔玉来说，苔藓是必不可少的植物。苔藓和植物的搭配并不稀奇，早在唐宋时期就有各种记载，目前全世界苔藓品种超过两万种之多，在森林、田野、水泥墙边都可以看到这些顽强的植物，它们被誉为植物界的"先驱者"，并为生物圈提供了 30% 的氧气。

苔玉适用范围十分广泛，客厅、卧室、厨房、阳台均可摆放。

说起苔玉的起源更多的是由盆栽当中的"露根"技法发展而来的。"根"给予我们的印象是深深地扎在泥土之中，然而"根"也是人们对盆栽植物欣赏的关键部位，往往是在盆栽培育时或移栽时，会把观赏植物根部提高一部分，裸露出更多的"根系"，形成盘虬卧龙的美感。在不断的演化过程中，将移植植物时包裹植物根部的稻草、山泥更换为苔藓，进而逐步发展成今日的苔玉。

在苔玉的制作过程中我们还可以看到许多常见的盆栽制作手法，例如，对植物进行金属线的缠绕固定，来刻意制作出不同形态的景观。时常会选用一些季节性的植物，如卫矛、伊吕波枫、羽扇枫、日本红枫、黄金枫等植物，在叶色变化之间感受时间的流逝等，都是盆栽或者说盆景技法的应用。

相对于苔玉来说，水族达人则更加喜欢玩伫草，它是一种新兴的组合植物盆栽，观赏水生植物，感受水草不同形态的魅力！

伫草最早用于水族景观缸体，初衷是减少种植的烦琐，只需要放置在底床上即可。水草都是两栖类植物，既可以进行专业的水草造景，也可以放入植物培育玻璃缸中培育。水草在水下和水上是两种完全不同的植物状态，伫草就是欣赏水草的另一种形态——水上叶的形态之美，感受水草最本质的魅力！

一缸一景一世界　从这本书爱上水景缸

苔藓微景观　耐看且易活

苔藓微景观是时下最流行的景观缸体之一，整体迷你、可爱，是居家环境装点的最佳选择之一。一只简单的玻璃缸或瓶，使用不同的苔藓和生长环境相近的蕨类植物，搭配各种玩偶，即可打造一只煞是可爱的桌面苔藓微景。只要制作得当适就会非常耐看且易养活。

水景缸，苔玉、苔藓微景观等各种景观缸体只要按照基本的顺序操作，都可以轻松制作出来。我们将自己喜欢的各种植物种植在缸体内即可做出一个原创作品！用各种不同主题的景观缸体来装饰生活空间，可以使生活空间增添一抹明亮的色彩：翠绿的水草，亮丽的色彩搭配，自由自在的鱼儿，让整个空间相得益彰，用心感受植物的魅力，感受心灵的放松，既美观，又有乐趣。

第二章
水景缸由哪几部分组成

想要打造一只属于自己的水景缸，首先要了解水景缸的运行原理和结构组成。

在自然环境当中池塘湖泊，太阳光、池塘的水体、水生植物、鱼、虾、螺、土壤、微生物等共同组成了一个完善的池塘生态系统，在不断的变化中，通过各方面的协调，使其保持一种稳定的动态平衡。这也是所有水族爱好者追求的一种完美的生态体系。

其实，每一只水族景观缸体都是一个独立运作的微缩生态系统。若要维持下去便离不开各类辅助器械的帮助，正是因为拥有了相对完善的生态环境，才能够让观赏鱼、虾与水草维持在一个稳定的动态平衡当中，使水草更加茂盛，鱼类更加健康，景观更加自然靓丽。

在景观缸体当中，灯具（灯光）代替了自然环境中的太阳（阳光），为所有水生动植物等提供生活所需的光和能量。观赏缸体则相当于池塘的外围，将水体环境固定于其中，形成自然池塘环境。水草泥则相当于池塘底部土壤，为植物生根发育提供附着的基质，同时也为植物生长提供足够的营养元素。过滤系统（过滤器）则负责过滤水体，保持培养微生物和进行水体循环，达到清洁和平衡水体的作用。而我们不断换水的过程则是在模拟自然中降雨和水分蒸发的水体交换。以此完成整个微缩生态系统的构建和维持缸体生态平衡。

水景缸也需要一定的硬件才可以完成生态系统的构建。水草景观缸体设备从上到下依次为灯具（光源）、缸体、减震垫、底柜、过滤系统、二氧化碳系统、加热设备、降温设备等。

这些器材设备和我们日常的维护工作都在不断地维持着水景缸内的生态平衡，所以，如何选取一套适合自己的景观缸体设备和器材便是我们搭建景观缸体的关键。本章将会讲述如何选择景观缸体、如何选择过滤系统及其重要性、如何选择水草灯具、如何选择水草泥，以及人工添加二氧化碳的多种方式。

构建一个完美的水景缸，从这里开始吧！

缸体
——景观制作的根基

　　景观缸体种类繁多，无论是传统封闭式水族箱还是如今的超白玻璃制作而成的开放式超白缸、浮法玻璃制作而成的普通鱼缸等，都各有优劣。选择一款适合自己的观赏缸体便是迈出制作水草景观缸体的第一步。

　　通常我们在制作水草缸时，首选开放式超白鱼缸。之所以选择超白玻璃，是因为其透光率高达91.5%以上且晶莹剔透。高透光度的玻璃加上精美的做工，可以进一步提升整体景观的观赏性。选择一款适宜自己的缸体不仅可以点装家居，提升"逼格"（格调），也可减少后期水族景观制作的烦恼。

在选择缸体的过程中，我们首先需要考虑的是家中适宜摆放观赏缸的位置，过大的观赏缸不仅难以达到观赏的效果，还会影响家居布置。家中常见的景观缸体以 45cm×30cm×30cm、60cm×36cm×30cm、90cm×45cm×45cm（长度×宽度×高度）为主。办公室和三室以上的房间适合摆放 90cm×45cm×45cm、120cm×45cm×45cm、150cm×50cm×50cm 的观赏缸。过高或者过于狭窄的观赏缸虽然适合进行大型观赏鱼的养殖，但是不利于日常清理和景观布置。

缸体的高度最好不要超过 60cm，否则缸体在进行景观布置和日常维护时会有很大的难度。因此家中选择观赏缸时应当考虑具体的摆放位置和空间大小，以及观赏缸的高度和加装灯具后的整体高度等因素。例如：安置缸体的空间长是120cm，在选择缸体时，要余留部分空间，尽量不要选择长度 120cm 的缸体，可以选择 90cm×45cm×45cm 或者 100cm×45cm×45cm，余留部分空间可以更方便地完成设备的安装和操作，同时增加空间感，不至于过于局促拥挤。

当然，除了观赏缸体的尺寸之外，我们还需要考虑观赏缸所用材质、制作的工艺以及价格因素等。

我们在选择超白观赏缸体时可以从以下几个方面去观察，并进一步判定观赏缸质量的好坏。

在购置超白观赏缸时，首先观察缸体四周有无破损，表面有无划伤，因其玻璃特性，在制作、搬运过程当中偶尔会出现观赏缸体边角磕碰的现象。在购买时需仔细检查，尤其是底部玻璃边角黏合处的破损。轻微磕碰虽然不会影响观赏缸的使用寿命，但是出现裂纹的玻璃面一定要注意，在注入水后极有可能会出现漏水的情况。

检查玻璃是否有破损的情况后，此时需要观察玻璃粘接处的玻璃胶是否粘贴均匀，玻璃胶中是不是存在气泡或者胶边过窄。观赏缸体在家中的摆放位置多为客厅、书房，一旦有漏水的现象发生，常会出现浸泡地板现象。因此在购置观赏缸时需要十分注意玻璃胶的粘接工艺，做工精良的观赏缸粘接处的玻璃胶厚度均匀，无气泡，并完整包裹玻璃切面。

根据摆放的位置和用途来选择适合自己的观赏缸。除了缸体外，水景缸也需要其他的硬件支持，例如灯具、减震垫、底柜、过滤系统、二氧化碳系统等。

注：虽然超白缸可以定制任意尺寸，但是建议大家尽量选择"标准缸"。所谓的标准缸就是约定俗成的几个缸体尺寸，这些标准缸可以轻松找到相应的缸配件。例如灯具等，常见的灯具尺寸有 30cm、45cm、60cm、90cm 等，但是没有长度 80cm 或者 100cm 的灯具，这时候标准缸的优点就非常明显，即较容易购买到匹配的灯具和相对应的其他设备。

常见的标准缸尺寸：

缸体尺寸长 × 宽 × 高	水体容量 /L	玻璃厚度 /mm
30cm × 30cm × 30cm	27	4
45cm × 30cm × 30cm	41	6
60cm × 30cm × 36cm	65	6
60cm × 45cm × 45cm	122	8
90cm × 45cm × 45cm	182	10
120cm × 45cm × 45cm	243	12
120cm × 50cm × 50cm	300	12
150cm × 50cm × 50cm	375	15
150cm × 60cm × 60cm	540	15
180cm × 60cm × 60cm	648	19

一缸一景一世界　从这本书爱上水景缸

光
——水草的生命

万物生长离不开阳光，在自然界中，"光"是水生动植物不可缺少的生命之源，在水族景观缸体当中也是如此。在水景缸的各项设备当中，灯具因其重要性，往往会是我们花费大量资金购置的设备。灯具的价格从几十元到上百元、上千元不等，甚至还有上万元的水景缸灯具。为何用于水景缸的灯具价格差异如此巨大？为何需要购置一款专业的水草灯具才能将景观养出理想的状态？

首先，我们要了解水生植物的特性，我们常见的水草多为沉水植物，在水中生活的水草与陆生植物有很大的差异。除了少数的水草没有根部之外，多数的水草根部主要起到固定植物本体的作用。水生植物在长期的演化过程中均有不同程度的退化，根部在形态、结构、功能上变化较为明显。根的分支减少、无根毛，连表皮细胞都具有了吸收营养物质的作用，相比陆生植物，内部的维管束发生退化。而水草的茎相比陆生植物也发生了很大的变化，其气孔减少，存有叶绿体和气室。茎基本由薄壁细胞构成，发达的细胞间隙有利于植物的漂浮（挺水）和气体的交换。

其次，水草的叶片相比于陆生植物也有了很大的变化，水草的叶片常为裂叶或异叶型，表皮层薄，细胞间隙相较而言巨"大"。相比于陆生植物，水草的机械组织也没有那么发达。所以同种水草的陆生形态（水上叶）和水下形态（水下叶）差异很大，陆生形态往往表现出"硬、厚、小"的特点。"硬"指的是陆生植物几乎都可以直立生长，植物的茎趋于木质化；"厚、小"则是指陆生植物的叶片会更加厚实，更加坚挺，更加小巧，以防止水分大量蒸发和被阳光晒伤。水生植物则完全相反，表现出"软、薄、大"的特点。茎部柔软，叶片更薄，叶面更大，有利于其更好地从水下吸收养分和阳光。所以水草对于灯光的"穿透性"有一定的要求，对灯具的"光"也有一定的要求。

水上叶

水下叶

对于自然界的植物来说，"阳光"是其生长的根本要素，水生植物亦是如此。养殖水草的灯具，有两个重要指标要求：一个是光照强度，一个是光谱。光照强度是物理术语，是指单位面积上所接受可见光的能量，简称"照度"，单位勒克斯（Lux 或 lx）。

光照强度常用于指示光照的强弱和物体表面被照明程度的量，对植物来说光照强度并不是越强越好，光照过强会导致植物晒伤，光照不足会使植物向光生长，造成"追光"现象。植物在一定的光照强度范围内，光合速率随光照度的上升而增加。当光照强度上升到一定数值之后，光合速率不再继续随着光照强度提高而增加时的光照强度数值称为"光饱和点"。光照强度超过这个数值会出现植物"晒伤"的情况，远低于这个数值时植物会出现"追光"的现象。

太阳光是复合光，经过色散系统（如棱镜、光栅）分光后，被色散开的单色光按波长（或频率）大小而依次排列的图案称为光学频谱，简称"光谱"。在可见光波段内，植物体内的各种色素是支配植物光谱响应的主要因素，其中叶绿素所起的作用最为重要。

在中心波长分别为 $0.45\,\mu m$（蓝色光）和 $0.66\,\mu m$（红色光）的两个光谱带内，叶绿素可以吸收大部分的摄入能量。在这两个叶绿素吸收带之间即蓝、红光谱之间的光谱带，由于叶绿素吸收作用较小，在 $0.54\,\mu m$（绿色）附近形成一个反射峰，简单来说就是植物对绿色的光吸收最少，并将大部分的绿色光线反射进我们的眼睛，因此许多植物看起来是绿色的。除此之外，叶红素（类胡萝卜素）和叶黄素在 $0.45\,\mu m$（蓝色光谱带）附近也有一个吸收带，但是由于叶绿素的吸收带也在这个区域内，所以这两种黄色色素在光谱响应模式中起主导作用。光在水下传播时都会受到强烈的折射、吸收和衰减，灯具也是如此。

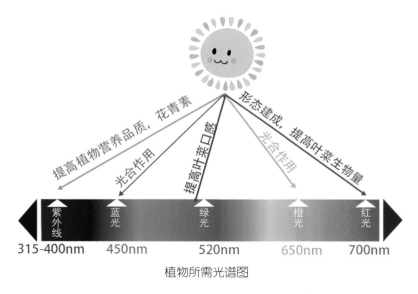

提高植物营养品质，花青素

光合作用

提高叶菜口感

形态建成，提高叶菜生物量

光合作用

紫外线	蓝光	绿光	橙光	红光
315~400nm	450nm	520nm	650nm	700nm

植物所需光谱图

　　了解这些差异之后，我们就能够明白为何常见的陆生植物灯具无法将水生植物培育成理想状态了。

　　想要养好一缸水草，需要了解植物最重要的生理活动——光合作用：

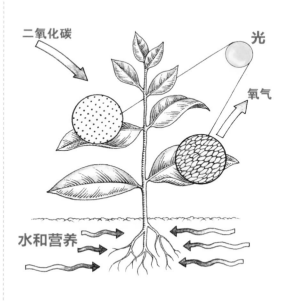

二氧化碳

光

氧气

水和营养

　　光合作用是植物最重要的代谢活动，而光照是限制水草生长的重要因素。因为受水体当中的溶解物、水体的深度等因素的影响，光照不足或光照过强的情况经常会出现在景观缸体当中。此外，光在水中的衰减依赖于波长、光强和光质，它们会随着水体深度而发生变化。为了适应水体迅速衰减的光照条件，沉水植物在形态及生理机制上发生了很大变化（例如叶片增大），以最大限度地吸收光照。

　　　　　　　　　　　　　一缸一景一世界　从这本书爱上水景缸

从形态而言，水草的叶片通常只有几层细胞叠加组成，很多种类的叶片分裂纤细，以增大单位生物量的叶面积，从而有利于其对有限资源（光）的利用，大多数沉水植物叶片的表皮细胞含有叶绿体。从生理上来看，所有的水草都可以称为"阴生植物"（阴生植物是指在弱光条件下比强光条件下生长更好的植物），叶片的光合作用（太阳光下）全日照的很少，一部分日照时间即可达到饱和，水草的光饱和点和光补偿点都比陆生植物低很多。

光合作用由"光"反应和"暗"反应组成，光反应又称为光系统电子传递反应，在反应过程中，来自太阳的光能使植物的叶绿素产生高能电子从而将光能转变为电能，然后电子通过叶绿体类囊体膜中的电子传递链传递给 $NADP^+$，并将氢质子从叶绿体基质传递到类囊体腔，建立电化学质子梯度，用于 ATP 合成。光反应的最后一步是高能电子被 $NADP^+$ 接受，使其被还原成 NADPH。

在光合作用的暗反应阶段，植物通过气孔从外部吸收二氧化碳，不能直接被还原氢还原。它首先与植物体内的 C_5 结合，这个过程叫作二氧化碳的固定。一个二氧化碳分子被一个 C_5 分子固定后，很快形成两个 C_3 分子。在有关酶的催化作用下，C_3 接受 ATP 释放的能量并且被还原氢还原。随后，一些接受能量的并被还原氢还原的 C_3 经过一系列变化形成糖类；另一些接受能量并被还原氢还原的 C_3 则形成 C_5，从而使暗反应阶段的化学反应持续进行。

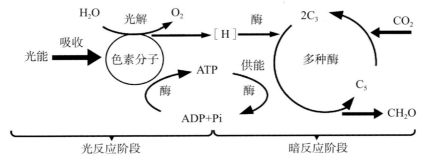

光合作用的过程

简单来说，通常植物体中的叶绿素和类胡萝卜素是进行光合作用的基础，叶绿素的吸收光谱为 430 ～ 450nm、640 ～ 660nm，而类胡萝卜素和叶黄素的吸收光谱为 410 ～ 480nm，这一光谱集中于蓝色和红色。因此，在购置水族灯具时可以查看一下商家公布的灯具光谱图。

常见的水草灯有荧光灯、金卤灯、LED 灯等，在早期的水草景观缸中灯具仅有白炽灯和采用卤磷酸钙制作的荧光灯。1974 年，荷兰飞利浦公司首先研制出了稀土元素三基色荧光灯，将荧光灯推到了全新高度，也使得水草景观的光照设备有了更强大的支持。

伴随着科技的发展，从最初的 T12 灯管逐渐更换为 T8 灯管、T5 灯管，如今又有了更加高效节能的 LED 灯具。正是科技的不断创新与发展，如今我们可以用更加优惠的价格购买到效果理想的专业水族灯具。

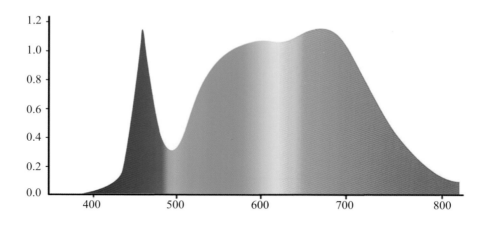

荧光灯具

作为早期水族箱中常见的
照明设备，荧光灯最早广泛应用
于全世界各个国家的水族景观照
明。无论是早期的 T12 灯管还
是后来的 T9、T8、T8HO 及 T5
灯管，荧光灯以其独特的显色性
和优质的光源受到了广泛好评。
时至今日，仍有许多主流厂家还

在生产以 T5HO 灯管为主的水族照明灯具。相比新型的 LED 水草照明灯具而言，
荧光灯照明灯具有价格低廉、配件更换简单、显色效果好等优点。以同样的显色
效果和水草生长效果为基准，选购的 LED 水草照明灯具价格是普通灯盘价格的
2 ～ 5 倍不等。当选择高度在 45cm 以内的景观缸体时，使用荧光灯作为光源，
不失为一个理想的选择。

同样，相比于其他灯具，荧光灯也有比较明显的缺点，长时间的使用会使灯
管光照发生衰减，通常在一年至一年半的时间中，就要购买新的灯管来替换。缸
体深度在大于 45cm 的时候，使用荧光灯作为光源，穿透力弱，难以保证水草的
正常生长需要，照射效果相比 LED 灯具和金卤灯的效果也会弱很多。在大型的
水景缸中极少会选择使用荧光灯具作为照明设备，只是用作辅助光源起到补光的
作用。除此之外，老式的荧光灯具，灯管长度固定，不能灵活使用，不防水，长
时间光照过程中有水花溅射可能会发生炸裂等情况。

总体而言，在 LED 水族照明灯具起步的今日，荧光灯作为老前辈仍然占
据着重要地位，对于新手玩家来说，一套荧光灯照明设备是一个性价比很高的
选择。

卤素灯具

在水草景观还未应用 LED 灯具的时期，除了荧光灯之外，还有一种灯具也经常被选择作为大型水草景观缸的照明光源，那就是金卤灯。金卤灯全称"金属卤化物灯"，常见的有石英金卤灯和陶瓷金卤灯。作为最优秀的光源之一，金卤灯具有高光效、长寿命、稳定性高、穿透性强等特点。

卤素灯性能稳定，兼有荧光灯、高压汞灯、高压钠灯的特点，同时也克服了它们的缺点。常见的水景灯具中使用的卤素灯多为 70W 和 150W 两种规格，其色温多以 6500K 常见。相比较荧光灯，金卤灯的穿透性更强，尤其适合用于水深超过 60cm 的水族箱中。

卤素灯在使用上也有些缺点，如功率高，耗电量大，同时金卤灯在短时间内多次开关会造成灯泡损坏。与荧光灯相同，长时间地使用会影响灯具寿命，出现光衰，需要不定期更换金卤灯的灯泡。

LED 灯具

在科技快速发展的今日，LED 灯具因其节能、高效、体积小、穿透力足、显色性能好等特点而进入水族市场。LED 灯具逐渐在水草景观养殖当中崭露头角，它在兼具荧光灯、金卤灯的优点的同时，也弥补了易损坏、体积大、不防水等缺点。如今，你可以花费几十元至上千元不等在市场中购买到 LED 水草灯具。尤其是现在优质的 LED 灯具会应用先进的 RGB 技术，其优越的显色性和促进红色系植物发色性能备受推崇。

注：在选购 LED 灯具时需要考虑价格、品牌、厂家、保修等因素。许多厂家常为了凸显水草颜色而混入过多红色和粉色的灯珠，这往往会影响水草的正常生长。除此以外，还需要观察灯具的做工质量和安全设计，有无指定的安全认证就显得尤为重要。

控制好
照明时间

　　想把水草培育得健康美丽，必须有明亮的光照。虽然水族箱的尺寸不一，饲养的水草种类不同、数量不同，但因模拟的是自然流域，所以一般每天设定的光照时间都在 6 ~ 10 小时。新制作的缸体，因为硝化系统不稳定，容易产生藻类，前两周也可以将光照时间控制在每天 4 ~ 6 小时。

⋮光的相关单位

K / 色温

色温是表示光线中包含颜色成分的一个计量单位。从理论上说，黑体温度指绝对黑体从绝对零度（−273℃）开始加温后所呈现的颜色。黑体在受热后，逐渐由黑变红、转黄、发白，最后发出蓝色光。当加热到一定的温度，黑体发出的光所含的光谱成分，就称为这一温度下的色温，计量单位为 K（开尔文）。自然的阳光亮度若以色温（K）来表示，就会变成如下的数值：日出约为 −2500K、正午约为 −5500K、蓝天约为 −13000K。

lx / 照度

光照强度是指单位面积上所接受可见光的能量，简称照度，单位勒克斯（Lux 或 lx）。1 lx=1 lm/m^2。即被光均匀照射的物体，在 1 平方米面积上所得的光通量是 1 流明时，它的照度是 1 勒克斯（lx）。

Ra / 演色指数

一般认为人造光源应让人眼正确地感知色彩，就如同在太阳光下看东西一样。以此标准为依据就是光源的演色特性，称之为"平均演色性指数"。平均演色性指数为物件在某光源照射下显示之颜色与其在参照光源照射下之颜色两者之相对差异。其数值之评定法为分别以参照光源及待测光源照在 DIN 6169 所规定之八个色样上逐一做比较并量化其差异性；差异性越小，即代表待测光源之演色性越好，平均演色性指数 Ra 为 100 的光源可以让各种颜色呈现出如同被参照光源所照射的颜色（阳光的平均演色性指数 Ra 为 100）。Ra 值越低，所呈现之颜色越失真。影响色视度的光源性质称为演色性，一般可以说演色性好的灯色视度好，而演色性差的灯色视度也差。

简单来说，演色性就是一种描述光源呈现真实物体颜色能力的量值。光源的演色性越高，其颜色表现就越出色，越接近阳光下的颜色。

过滤系统
——维持生态平衡

在自然环境水体中，各类微生物分别扮演着重要的角色，通过它们的不懈努力，众多动植物的尸骸以及排泄物变成了促进植物生长的肥料。在水景缸中，也有一个重要的组成部分扮演着相同的角色，来培育各类可以维持生态平衡的微生物。它就是景观缸体的核心之一——过滤系统或者说过滤设备。

过滤图例

过滤系统是水族箱的一个重要组成部分，它的作用就是通过过滤器中的过滤材料，将水中的杂质、鱼的排泄物、鱼的分泌物、残饵、水草的腐枝烂叶及水中多余的有机物"过滤、分解"掉，以此调节缸体内水的各项指标，维持缸体内的水质稳定，保持水族箱内的水质清新、透彻，模拟出自然的生态环境，使水草、热带鱼在景观缸体中可以自由地生活。

　　过滤器通常由过滤槽、抽水泵和过滤材料组成。它的工作原理是通过抽水泵将水族箱内的水抽吸到过滤槽中，由过滤槽内的过滤材料进行过滤分解。过滤材料将水中的有害物质或杂质留在过滤槽内，经过过滤的水再回到水族箱中。这是最简单的机械过滤过程，然而，要使水族箱内的水质长久地维持在最初状态，只靠机械过滤是不够的，还需要建立稳定的微生物生态系统——硝化系统。

水景图例

　　　　　　　　　　　　　　　　　一缸一景一世界　从这本书爱上水景缸

氨氮化合物

氮是生物体中蛋白质和核酸的构成元素，鱼虾的排泄物、生物的死亡等都会导致这些氮化合物的释放，进而被细菌分解。分解的主要产物之一是氨（NH_3），氨在水中与水结合形成氢氧化铵（NH_4OH），氨毒性比较大，对鱼来说非常危险，能使鱼类血液中的蛋白质变性而失去活性，也是大部分缸体鱼类、虾类死亡的原因。

硝化过程

自然界中氨化合物的分解由亚硝化细菌、硝化细菌完成。亚硝化细菌对氨化合物进行分解，转变成亚硝酸盐（NO_2^-），这个过程称为"亚硝化"；亚硝酸盐对水族箱中水草和鱼、虾、螺也是有害的，但它会被硝化细菌继续分解成硝酸盐（NO_3^-），这个过程称为"硝化"。水族箱中的氨则通过这个过程慢慢地分解为无害的硝酸盐。

简单来说，硝化就是分解氨氮化合物的过程，而亚硝酸盐对鱼虾是剧毒，硝酸盐则是无毒的。

硝化细菌

硝化过程离不开硝化细菌。硝化细菌有两种，即"硝化细菌"和"亚硝化细菌"。亚硝化细菌、硝化细菌可以生长在水族箱内任何地方，但最适合繁殖的是弱光、水流缓慢、溶氧丰富的环境。亚硝化细菌、硝化细菌都是"好氧菌"，充足的氧气对氮循环非常重要。亚硝化和硝化过程都需要大量的氧，如果水中缺氧，硝酸盐会被厌氧细菌转化回亚硝酸盐和氨，这个过程叫"反硝化"过程，会造成鱼虾等大量死亡。

简单来说，有机物（氨氮化合物）的分解是通过氨化作用，也就是靠一些统称为氨化细菌的细菌和真菌，将有机物分解成氨；游离的氨一部分排放到大气中，一部分被亚硝化细菌氧化为亚硝酸盐，再继续被硝化细菌氧化为硝酸盐。

就这样，缸内各种食物的残渣、排泄物、垃圾杂质等有机物，通过硝化细菌的硝化过程分解成无毒的硝酸盐，再被水生植物吸收，从而完成一个微缩的生态循环。

过滤系统

一个完善的过滤系统由三种过滤方式搭配而成：物理过滤、化学过滤和生物过滤。

1. 物理过滤，是过滤系统的第一道防线，主要是使用各种过滤棉（粗棉／细棉），将缸体内各种大颗粒杂质（鱼虾粪便、水草叶片等）拦截过滤。

过滤棉图

2. 化学过滤，是指通过使用活性炭、吸氨石、软水树脂、草泥丸等具有较强吸附性的滤材，有效地去除水中一些化学物质，起到调节 pH 值和水质硬度等作用。

活性炭图

3. 生物过滤，是整个过滤系统的"核心"。生物过滤是指通过建立"硝化系统"，将水族缸体内的有毒的氨氮化合物分解。主要是为硝化细菌提供栖息的地方，硝化细菌需要附着在多孔的滤材上存活。

细菌屋图

注：其中最重要的就是生物过滤，大部分过滤系统都是由物理过滤＋生物过滤的方式组成，即过滤棉＋滤材的搭配方式。化学过滤一般在缸体水质出现问题时（水质发黄、出现异味等）才会选择搭配使用，且化学过滤不可长时间使用。

一缸一景一世界 从这本书爱上水景缸

⋮关于硝化细菌的误区：

1. 硝化细菌并不可以让水清澈。硝化细菌可以去除有毒氨、亚硝酸盐，但是水不一定会清澈。后期，附生细菌在滤材上面形成的菌膜过滤掉那些无法被过滤棉本身阻挡的微小颗粒，从而使水变清澈。

2. 加入硝化细菌并不能立刻放鱼。加入的硝化细菌一般都是死的或者休眠的硝化菌种，形成硝化系统需要一个过程，等硝化细菌开始生长繁殖，硝化系统充分发挥作用后，才可以正式放鱼，一般需要 2 周的时间。

3. 硝化细菌并不会见光死亡。光照对硝化细菌确实有一定的影响，硝化细菌在有光照的地方一样能够生长繁殖，只是速率较低下。硝化细菌怕光，其实怕的是"紫外线"，而水族箱中的照明灯具均为玻璃灯罩，虽有紫外线产生，但绝大多数被阻隔，因此对硝化细菌影响不大，而且滤材中的光线并不是很强。

需要注意的是，如果使用紫外杀菌灯（UV 灯），由于其使用石英玻璃，紫外线可以穿透玻璃从而起到杀菌作用。因此，在添加硝化细菌的两周内，硝化细菌尚未完全附着在滤材上的情况下不要使用 UV 灯。

4. 关闭过滤器，硝化细菌不会死亡。硝化细菌是"好氧菌"，特别是其工作的时候需要消耗大量的氧气，所以过滤系统要 24 小时不间断地工作，以提供充足的氧气供硝化系统工作。硝化细菌不产生孢子，在很低氧的环境中也能存活，对氧气的需求量远远低于异营细菌，所以短暂关掉过滤器没有问题。

> 注：如果滤桶停止工作时间太长（多于 24 小时），由于与空气不接触，内部的氧气会因为好氧异营细菌的大量繁殖而耗尽，而需氧量大的异营细菌首先死亡，水质恶化。由于硝化系统几近休眠，因此毒素的积累最终也会导致硝化细菌的大量死亡，导致硝化系统崩溃，造成水质腥臭。

选择
正确的过滤方式

水族箱的过滤可以分为底床过滤、顶层过滤、滴流过滤、侧面过滤、底部过滤、过滤桶过滤、背部过滤等几种。不同的过滤方式各有优劣，在现代的景观缸体中常常会用到过滤桶过滤和底部过滤，而其他几种过滤方式则较少采用。

∷不同过滤方式之间的差异

顶层过滤：通常称为"上滤"，常见于老式一体式水族箱和观赏鱼缸，通常由水泵和简易过滤槽组成。这种过滤方式利用水族箱上部的空间，极大地节省了使用空间，同时又降低了制造成本。因为其过滤槽设置在顶部，导致了过滤空间的狭小，因此滤材的容量较少，在使用过程中过滤的效果相对较差。

滴流过滤：也是"上滤"的一种，可以说是升级版的顶层过滤，经常用于观赏鱼养殖缸，在水景缸中较为少见。因其过滤形式的独特性，滴流过滤每一层放置不同的过滤材料，充足的空间及足量的培菌滤材，使得滴流过滤十分高效。不过这种过滤方式因为占据了极大的顶部空间，观赏性相对较差，水体蒸发快，CO_2逸散快，噪声相对大。

滴流过滤图例

侧面过滤/背部过滤："上滤"的升级版，利用连通器原理，缸中水和侧面过滤槽中的水高度保持一致，通过水泵把过滤槽中的水打到鱼缸中。鱼缸中的水位上升，水流就会通过侧滤的下吸通道和上溢通道流回滤槽，水流能带走鱼便、剩余的鱼食、油膜等。鱼缸中常见的垃圾都会被带入侧滤槽，滤槽里

侧面过滤图例

的过滤棉能过滤大量的垃圾。

侧面过滤常见于一体式的水族箱当中，整体不美观，过滤的空间极小，因此可存放的滤材数量有限，而且常会造成溢流堵塞、蒸发快、缺水、过滤不佳的情况。侧滤整体的设计并不适合景观缸体，底部下吸通道会吸走大量的底部水草泥，造成堵塞且过滤效果不佳，常会出现生化系统崩溃的现象。侧滤更适合用于饲养观赏鱼的缸体。

底部过滤：最受欢迎的过滤方式之一，花费少，过滤效果好，性价比最高且不需进行特别的保养。底部过滤是在缸体底部放一个单独的底滤缸，底滤缸分成几个区域，放置不同的滤材搭配，再通过水泵把底滤缸内的水打回到景观缸体，完成一个循环过滤过程。强大的过滤系统和强劲的水流，使得密集饲养观赏鱼不再是难题。

底部过滤图例

相比滤桶等常见的水草缸过滤方式，使用底部过滤的景观缸并不多，因为需要在缸体打孔，会出现溢流、阻塞、CO_2逸散较快、噪声较大等问题。通常这一类过滤常用于大型鱼的饲养和超大型景观缸体（3m 及以上的景观缸）。

过滤桶过滤：家居景观缸体最佳过滤方式。过滤桶一般都是外置的单独过滤桶，其具有无可比拟的优点：占用空间小、结构稳定、过滤效率高、外观时尚、清洗滤材便捷、使用方法简单易学、没有噪声等。但是作为高度集成化的产品，过滤桶的缺点也显而易见，部件损坏常常难以更换，很多时候不得不购置新的过滤桶设备。

过滤桶图例

一缸一景一世界　从这本书爱上水景缸

不同的过滤方式各有利弊，在选择过滤的过程中，需要充分考虑过滤的实际效率及过滤效果，滤材的更换、清洗等多方面事宜。合适的过滤不仅可以维持水景缸的清洁，还会让其中的微生物、有益菌轻松地生长繁殖。水景缸体建议使用外置过滤桶。

⋮滤材的选择

购置过滤桶时很多都是空桶，这时候我们需要搭配滤材使用，使缸内水流进入过滤桶，从物理过滤层到生物过滤层，再回到缸内，完成一个过滤过程。市面上的滤材有很多，在这里介绍些我们常用的滤材。

物理过滤材料

生化棉

生化棉也叫"藤棉"，是最常见的过滤材料之一，可以理解为"粗棉"。放在过滤的第一层，主要过滤大颗粒杂质。

优点：透水性、透气性比较好，而且可以清洗重复使用。跟普通的过滤白棉相比，其优点在于更利于硝化细菌的寄存。普通白棉的最大作用是过滤掉水中杂质（属于物理过滤），而藤棉是在增强过滤的同时，提高硝化细菌的存活率和附着量。在挑选时要选择颜色均匀，遮光性好，空隙比较小，密度比较大的产品。手感偏硬或者太软的都不适合。

生化棉图例

过滤棉

过滤棉，必备的过滤材料，可以理解为"细棉"。将较小的颗粒杂质过滤掉，降低后面过滤环节的负担。

优点：透气性、透水性好，而且耐用，可以反复使用。挑选过滤棉也需要遵循透水、透气的原则，厚度适中，质地柔软，而且要结实不易脱落。在使用过程中要注意清洗，以免过多的杂质堵塞了缝隙影响其过滤效果，经过几次清洗之后也要更换新的过滤棉。一定要用鱼缸内的水清洗滤材，以避免硝化系统崩溃。

过滤棉图例

生物过滤材料

陶瓷环

陶瓷环是过滤桶常选滤材之一，可以通过对淡水和海水进行生物净化获得最佳水质，是一种纯生物学性质的强化过滤材料。

优点：陶瓷环价格低廉，表面布满微细的小孔，特别适合硝化细菌的繁殖，以达到净水的目的。陶瓷环不具备物理过滤的功能，所以一般会摆放在过滤棉的滤材后面。需要定期更换，通常2～3年更换一次。

陶瓷环图例

细菌球 / 细菌屋

细菌屋和细菌球可以理解为异形的陶瓷环，其中，细菌屋适合底滤缸体使用，细菌球则适合过滤桶使用。

细菌球 / 细菌屋图例

优点：价格低廉，细菌屋和细菌球的表面积更大，布满微细的小孔，可以培养更多的硝化细菌，更加高效地达到净水的目的。长时间使用易碎，需要定期更换。

麦饭石

麦饭石是一种天然的硅酸盐矿物，无毒，含有丰富的微量元素，是常用的滤材之一。

麦饭石图例

优点：价格低廉，吸附能力强，可以吸附水中有害的重金属离子。微量元素丰富，可以促进水生动植物的生长发育，抑制细菌生长，调节水质，增加溶氧量。

注意：市场上大部分麦饭石质地疏松，易碎，会影响水流强度，需要仔细甄别。

中空石英球

中空石英球（中空培菌球）是更高级的滤材，工艺更精良，培菌能力更优异，是目前市场上过滤效果最佳的滤材，也是备受玩家推崇的滤材之一。

优点：石英球培养硝化细菌的能力极强，同时可以用来稳定水质和 pH 值，去除水中有毒物质。相对于其他滤材，其优点在于容易清洗，但其价格较高，也不能永久使用，长时间使用也存在易碎、掉渣的现象，一般 2 ~ 3 年需要更换一次。

石英球图例

生化球

生化球一般是用塑料做成的且形状不一，有圆形、方形、不规则形，颜色有黑色、白色。

优点：生化球是一种使用非常广泛的生化滤材。大多用于大型的滴流过滤和底部过滤的主缸溢流区。主要起到保温、打散水流、消除噪声、增氧的作用。但是它的使用范围有限，因为它特殊的结构造成很多过滤方式不适用，在外置、内置、上滤中都不适合使用。

生化球图例

化学过滤材料

活性炭

活性炭有许多种，常见的有棒状活性炭、颗粒状椰壳炭等。

活性炭图例

优点：活性炭价格低廉，在水族过滤系统中主要是利用其微孔发达的结构和细小空隙吸附水中残留的药剂，水中的臭味、腥味，饲料带来的色素、重金属以及水中的氯气。活性炭有一定的寿命，随着使用会吸附饱和，属于消耗品，主要治理黄水现象和水质腥臭，需要每月更换一次。

土壤
——水草的温床

底床分层示意图

　　如同陆生植物需要肥沃的土壤，水中的植物同样如此。首先，许多种类的水草不仅需要泥土扎根固定，还需要通过根部来获取足量的营养物质。其次，底床还兼顾培育有益菌和微生物的作用，更利于植物根系的生长。选择底床土壤需要从以下 4 个角度出发：

　　1. 利于水草的生根和扎根，起到固定的作用。
　　2. 可以为水草提供一定的养分，如微量元素。
　　3. 疏松透气，活化底床，防止板结。
　　4. 可以培育底床有益微生物。

一缸一景一世界　从这本书爱上水景缸

优良的底床利于植物的生长，腐败或者不透气的底床则会造成水草根系的坏死及水体的恶化，甚至出现有害的"腐败菌"，导致水草不生长，乃至死亡的现象。那么如何选择和搭建一款好的水族底床呢？

在水族景观发展过程当中，分别出现了以矽沙、黑金沙等为主的沙石底床，以 ADA 黑色泥土为主的天然泥土底床，以赤玉土、阳明土和仙土为主的园艺土壤底床，以及以陶粒、沸石为主的底床系统。

在还未出现 ADA 专用水草土壤的时代，种植红蝴蝶等水草是一件十分困难的事情，即使在 20 世纪 80 ~ 90 年代，素有"水草天堂"之称的中国台湾，能够成功养殖红蝴蝶等这类高难度的水草也是一件值得炫耀的事情。经过演变最终形成了水草泥 + 能源砂这样一种科学稳定的底床模式。

水草泥等底床土壤图例

通常我们会建议新手选择水草泥 + 能源砂来种植水草，其主要原因有以下几点：

1. 水草泥中含有大量植物生长所需的营养物质，通常在开缸初期的 4 ~ 5 个月内，水草会将这些营养物质消耗完毕。在初期的两个月内不需要单独施加肥料，有助于新手对水草缸的养成和养护。

2. 水草泥同其他园艺用土一样，植物纤细的根部可以轻松扎根在其中的空隙当中生长，并且汲取养分，可以使水草培育难度降低。

3. 如今大多数水草泥还具有降低酸碱度、吸附水中杂质的作用，多数水草适宜生长的 pH 值在 6.0 ~ 7.0 之间，而水草泥可以满足水草对酸碱度的需求，同时也可以降低水体的硬度。

4. 能源砂底床则可以满足底床疏松、多孔、透气的要求，可以活化底床，防止底床板结，有效避免细菌滋生，导致水生植物根系无法正常生长、死亡的现象产生。

5. 能源砂基本都是火山岩和轻石材质，本身含有大量的微量元素，可以起到补充微量元素的作用。

水草泥图例

水草泥

水草泥因其制作方式不同，我们可以将之分为两种，分别为低温塑化工艺的水草泥和高温烧结工艺的水草泥。制作水草泥的工艺有很大的差别，但相同工艺下也会因原材料不同而产生巨大的差异。简单来说，水草泥的品质往往由其原材料决定。

低温塑化工艺制作的水草泥工序复杂，在反复的制作过程中需要经过营养镀膜等难度极高的工序，这类水草泥颗粒均匀，用手即可轻松捏碎，十分适合拥有柔软根茎的水草生长。经过营养镀膜，这类水草泥可以有效地控制营养物质的释放速度。

高温烧结工艺制作的水草泥工序相对简单，但是对原材料的质量要求很高。在高达 300℃以上的温度中，将稻田土和碳粉及其他原材料混合烧制，这样制作出来的水草泥颗粒紧实，不易粉化，在水草缸中可以长期使用。缺点是营养物质流失快，后期肥力不足，需要为水草添加一定量的根肥作为营养补充。

赤玉土

赤玉土作为一种常见的园艺种植土，被广泛应用于小型花卉和园林景观设计中，近年来更被应用于水陆缸的制作中。相比水草泥，赤玉土的价格更低廉，对水质的影响较小，同时作为底床长时间浸泡在水中不会粉化。

同水草泥不同的是，赤玉土肥性较低，故在种植水草的过程中，需要对施肥多用心。尤其是后景草，需要添加多种肥料来维持状态，不过施肥过多，容易长藻，施肥过少，植物生长得不到保障。这个用量和过程需要创作者不断地测试和调整。

赤玉土图例

矽沙、黑金沙等沙石

在早期的水草养殖过程中，有很多人尝试使用沙石进行种植水草，通常这些底床材料会增加缸内水质硬度，影响植物的生长，不少颜色艳丽的水草在这种环境当中颜色变淡甚至发生不同程度的损伤。时至今日，虽然还有部分爱好者在坚持使用沙石作为底床进行水草的种植，不过更多的人会选择水草泥来作为水景缸的底床。

种植沙图例

陶粒

陶粒图例

在水草泥还未普及的时候，很多人会选择使用陶粒来作为水草的底床，这些人工制作的产品坚固、耐用。虽然表面难以让水草的根部快速附着，但是因为可以反复使用和价格低廉等优点，一度成为市场的主流。在使用过程中，常需要进行不断施肥来保障水草的正常需求，不建议新手使用。

能源砂

能源砂图例

能源砂是日本 ADA 水族公司开发的一款水族专用底床素材，其更有利于底床内微生物的繁殖，从而可以更好地向水草的根部供应营养素。因为是疏松多孔且通水性良好的轻石，可有效防止底床硬化，使底床内分解有机物的微生物更好地大量繁殖，所以适合景观缸体的长期维持。

火山岩

火山岩是火山爆发后形成的石材，含有大量的矿物质，可以稳定水质和 pH 值，可以促进植物的生长并使鱼类体色更艳丽。在种植土的下层铺设火山岩会营造透气的底床，火山岩是性价比最高的"能源砂"之一。

火山岩图例

二氧化碳
——水草的"氧气"

　　植物的生长和繁育离不开光，同时也离不开二氧化碳。植物的生长则主要依靠其光合作用，即植物在阳光的照射下，经过光反应和暗反应，把二氧化碳和水合成有机物，同时释放出氧气的过程。

　　二氧化碳是植物光合作用中最容易利用的无机碳源形式，但正常的景观缸体内的二氧化碳含量并不能满足我们日常培植水草的要求。水生植物同陆生植物最大的不同是，水生植物在进行光合作用时，具有利用外部碳源——碳酸氢盐(HCO_3^-)的能力。那么如何在我们的水景缸中添加碳源呢？直到 1985 年日本的 ADA 水族公司完成了第一套水族二氧化碳供应系统的研制和生产，才为我们培植水草、培育水族景观打开了新的大门。

添加二氧化碳实例

在景观缸内添加二氧化碳是非常有必要的，二氧化碳不仅帮助植物完成光合作用，促进水草的正常生长，同时，添加二氧化碳还可以抑制藻类滋生，降低缸体中的 pH 值，使缸体中的水质整体呈弱酸性，降低水中的亚硝酸盐的含量，减少亚硝酸盐对鱼类的伤害，也更加有利于水草的生长和发色。除此之外，添加二氧化碳的缸体中红色系水草会更加靓丽、养眼。水生植物在完成光合作用的同时也会产生大量的氧气供鱼儿、虾类及各种微生物等进行呼吸，使其可以正常地生活，并完成整个微缩的生态循环。

⁝ 水景缸生态

一套完备的二氧化碳系统，包含二氧化碳气瓶、减压阀、止逆阀、高压气管、计泡器、扩散器（细化器）等部分。

二氧化碳气瓶

气瓶的选择以安全为主，主要有两种：高压钢制气瓶和高压铝制气瓶，其中钢制气瓶的性价比最高。气瓶可以重复使用，尽量选择正规厂家生产的气瓶，同时，一定要确保其具有安全证书。

高压气管

高压气管是可以承受高压的气管，是连接二氧化碳各种设备的气管。使用的时候一定要切割平整，确保可以插到连接口底部，长时间使用后出现老化痕迹或者爪痕时，则需要更换。值得注意的是，普通的氧气管并不是耐高压气管。

一缸一景一世界　从这本书爱上水景缸

减压阀

压力阀是二氧化碳设备的心脏，有多种样式，例如单表、双表、电磁表等。功能基本相同，将气瓶内的高压气体进行减压，安全地释放到缸内。减压阀一般都带有微调阀，可以调节二氧化碳的流通量。这些减压阀中电磁阀设计得更加科学，可以搭配定时器同时使用，达到灯光和二氧化碳同步自动开关、添加的效果。尽量选择知名厂家产品，更换气瓶时要仔细检查，避免漏气现象。

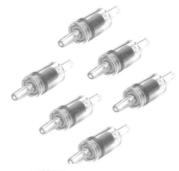

止逆阀

止逆阀连接在压力阀和计泡器之间，避免景观缸体内的水逆流进压力阀，造成减压阀损坏。止逆阀一般都有使用寿命，一旦发现有水流入，必须给予更换。

计泡器

计泡器是确认二氧化碳添加量的器具，其内部储水，以此计算上升的气泡数量。一分钟内上升的气泡数量除以60，取平均值计数，即为1秒钟上升气泡数。在60cmx30cmx36cm缸体内，1秒内产生1～2个气泡是比较理想的添加量。

定时器

自然界中，太阳每天都会准时升起和落下，水生动植物也有自己的生物钟。所以在固定时间开关灯具是非常有必要的，且应是不间断的。切记不要间歇开关灯具，例如早上开，中午关，晚上开，这是错误的。水生植物在有光的时刻进行光合作用，吸收二氧化碳并释放氧气；关灯后则进行呼吸作用，吸收氧气释放二氧化碳。所以要避免夜间添加二氧化碳，以免造成二氧化碳浓度过高，鱼类缺氧的现象。尽可能地使用电磁减压阀，同时连接定时器使用，在开灯的同时添加二氧化碳，关灯时停止添加，是目前最科学的二氧化碳添加方式。

扩散器 / 细化器

扩散器是让二氧化碳气体细化成极为细小的气泡的器具。被打散的二氧化碳更利于水草的吸收和利用。细化器有多种材质、多种规格型号，其中玻璃质的细化器观赏效果最佳。

减震垫

鱼缸减震垫也是必备器材之一，主要用于保护缸体。铺设于鱼缸或景观缸体下面，纠正缸体歪斜，吸收震动的专用垫，可以使缸体底部受力均匀，延长使用寿命。

除了以上介绍的这些必备器材外，我们还要选配一些其他设备辅助我们的景观缸使用，以达到完美的平衡状态。

⋮降温设备

在炎热的夏季，室内温度过高时要考虑增加降温设备。因为水草生长的温度范围在 22 ~ 28℃之间，而在 24℃时水草的光合效率最高，生长速度和状态最佳。缸内温度低于 20℃时，水草生长减缓甚至停止生长；温度越高，水草的呼吸作用频率就越快，当高于 28℃时大多数水草生长速度减缓，甚至停止生长。首先，当温度达到 30℃时，"莫丝"类水草基本难以存活。其次，温度对二氧化碳的溶解度有至关重要的影响，温度越高，二氧化碳的溶解度越低，造成绝大部分的二氧化碳气体逃逸、利用率低。所以，一般来说，每年的 10 月左右是开设水草缸的最佳时节，因为水景缸是很难度过炎炎夏日的。

　　由于早期缸体设备并不完善，缸体升温容易，降温则较为困难，所以秋季是搭建景观缸体的绝佳时机。随着科技的发展、水族设备的完善，即使在炎热的夏季也可以随心所欲地控制缸体内的温度。目前降温设备主要分为两种：降温风扇和冷水机。

降温风扇

降温风扇是指利用空气流动，通过风冷的方式带走缸体内的温度。

　　降温风扇价格相对低廉，是所有降温方式中性价比最高的一种，也是大多数玩家的首选。降温风扇可以降低缸体内温度2～3℃。一般来说可以满足大部分的缸体降温，但降温风扇有一定的噪声，会加速空气的流动，增加缸体内水的蒸发量，需要定期进行补水作业。

冷水机

冷水机是采用电子制冷或压缩机制冷的设备。当水温高于设定温度时，制冷开启；当温度低于设定温度时，加热开启，并经过循环泵进行循环，使鱼缸内水温达到预设温度，是高度集成升温和降温的设备。

冷水机价格较高，但是是目前最有效的降温方式，可以精准地控制缸体内的温度，隐藏于底柜中，不影响缸体美观。但是成本较高、体积较大、耗电量大，缸体内外温差过大时，缸壁容易出现雾气，影响观赏效果

加热设备

冬天外界温度较低，自然环境里的植物凋零，为了维持水生植物的繁茂，景观缸体的增温设备是必不可少的。无论是在北方还是南方地区，都需要增加缸体内的温度，以达到水生动植物的最佳生长繁育温度。

加热设备相较于降温设备简单，选择合适的加热棒即可。加热棒可使水族箱内水温恒定，维持在适合的温度，同时性价比极高，在水族箱中是非常重要的器材。

缸内加热棒

加热棒从加热原理上来说分为双金属片控温加热棒和热敏电阻式加热棒两种。双金属片控温加热棒，利用金属片的受热膨胀系数不同，实现水温到达预设温度并自动断开的作用。热敏电阻式加热棒，有外置热敏电阻和内置热敏电阻两种（内置温感探头 / 外置温感探头），工作原理相同，采用热敏电阻探测温度，用可控硅等材料来实现加热棒的启动与停止。市场上常见的加热棒更多是按材质区分，分为玻璃加热棒和不锈钢加热棒两种。

玻璃加热棒

玻璃加热棒一般采用防暴玻璃外壳，具有性价比较高、使用范围广泛、可以应用于各种水质的水族箱等优点。虽然是防爆玻璃，但也会破碎。尽量购买配有防护罩的玻璃加热棒，避免鱼虾被烫伤。

不锈钢加热棒

不锈钢加热棒采用不锈钢外壳，升温迅速，具有坚固、耐用、有质感等优点。尽量配置防护套，避免鱼虾烫伤。

注：玻璃加热棒和不锈钢加热棒都可以自由选择，但一定要选择正规知名厂家生产的正规产品！

瓦数

加热棒一般都是固定瓦数50W、100W、150W、200W等，缸体要选择合适瓦数的加热棒，标准为 1L 水搭配 1 ~ 2W 的加热棒，例如 100L 水的鱼缸，我们可以选择 100 ~ 200W 之间的加热棒。

加热棒使用注意事项

1. 初次使用一定要测试加热棒的温度指示是否准确，避免出现跳温现象。

2. 加热棒在空气中切勿通电。因为其在空气中升温速度极快，轻则烧坏加热棒，重则炸碎玻璃或灼伤手。即使断电后也不能立刻从水中拿出来，这时候的温度也是非常高的，同样容易灼伤人和烧坏加热棒。

3. 换水时加热棒必须断电，以免水位过低露出加热棒，导致干烧炸裂。

4. 加热棒与温度计要配合使用，不能只看加热棒的指示灯，还要看温度计上显示的温度指数。

5. 加热棒属于消耗品，使用 1 ~ 2 年最好更换，避免器件老化，造成温度不准。

第三章
用什么美化你的水景缸

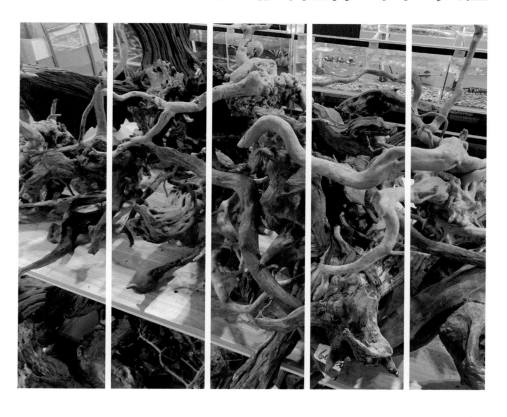

当我们选择购置了合适硬件设备并完成安装后，接下来就需要制作景观，购置各种"景观素材"。

可以制作景观的素材有很多，需要考虑的因素也有很多，在这里介绍一些可以在市场上购置到的常见景观素材。

首先，打造自然水景是指通过水草培育，在水族箱中创造一个良好的生态环境，使水草和鱼类、虾类等生物共同生长繁育，再现自然生态的景观。这是一个融合了人工美学和自然美学的独特水下世界。

打造自然的水下世界景观，除了使用底床土壤和水生植物以外，还需要使用一些辅助材料完成景观，增加自然感。合理地使用这些素材可以更加自然地打造水下世界。

水景源于生活，制作景观的素材同样也来源于我们的生活：路边的顽石、流木、河沙等，这些未经人工雕琢的野物，就是大自然给予我们打造景观缸体的绝佳材料。

在介绍素材前，我们需要了解一些关于景观缸体水质的参数和重要指标。

pH 值：水族中常说的 pH 值指的是水的酸碱度。不同的水族动植物对水质的要求不同，水的 pH 值就是最重要的指标之一。大部分的水草和灯科鱼类（产于南非巴西亚马孙河流域），都是在弱酸到中性（pH 值为 5.5 ~ 7.0）的生活环境中生长。再例如少部分的鱼类，三湖慈鲷等（产于东非大裂谷区域的三个湖泊，俗称"三湖"）则更喜欢在碱性水质（pH 值 8 ~ 10）中生活。所以，这也是水草缸大部分搭配灯科鱼而不适合养殖三湖慈鲷的原因。

在我们的景观缸体中，过酸或者过碱的水质都不适合水草的生长，缸体的水质 pH 值在 6 ~ 7 之间是最佳的数值，可以展现缸内水生动植物最佳的观赏状态。

硬度（DH/TDS）：水的总硬度指的是水中钙镁离子含量以及碳酸盐和非碳酸盐的硬度总和。可以简单地理解为水中矿物质离子浓度的高低。因硬度的表示方法未统一，水族里一般以德国标示法为准，计为 DH，即以每升水含氧化钙 10mg 为 1DH。小于 6.5DH 为软水，大于 DH6.5 为硬水，6.5DH 为中等硬度水。

水质硬度对水生动植物也有很大的影响。对于植物来说，生活在过软或者过硬水区域的水草都会生长发育不良，甚至难以存活。而且水的硬度会对鱼的生长、发色和繁殖有至关重要的作用。

　　TDS（Total Dissolved Solids，TDS）则为总溶解固体，又称溶解性固体总量，测量单位为毫克/升（mg/L），它表明1升水中溶有多少毫克溶解性固体。TDS值越高，表示水中含有的溶解物越多。总溶解固体指水中全部溶质的总量，包括无机物和有机物两者的含量。一般可用电导率值大概了解溶液中的盐分，电导率越高，盐分越高，TDS越高。

　　简单来说，TDS表示水中导电度、盐钙等的含量，可以使用TDS笔（水质检测笔）来快速简单测量出水的硬度。当TDS小于90时则水质偏软，需要换水添加部分自来水以增加水质的硬度；当TDS大于200时则水质偏硬，建议换水，以中和缸中的水质硬度。

　　（0 ~ 89）$\times 10^{-6}$ →强软水 0 ~ 4DH

　　（90 ~ 159）$\times 10^{-6}$ →软水 5 ~ 8DH

　　（160 ~ 229）$\times 10^{-6}$ →适度硬水 9 ~ 12DH

　　（230 ~ 339）$\times 10^{-6}$ →中度硬水 13 ~ 18DH

　　注：经过多年的探索，最佳的水体 pH 值稳定在 6.5 左右，TDS 数值保持在 100 ~ 180 之间是最理想的水质数据。

水景缸常用石材

岩石作为装饰品，可以制作成假山点缀园林，是我们构建水景自然景观的必备素材。完美的水族景观，少不了岩石这一重要元素，它可以让大自然更真切地展现在水族景观里，使水族景观更加贴近自然。水族造景中，需要综合考虑的因素有很多，包括石材的硬水程度、色泽变化、纹理结构、观赏性等。

青龙石

青龙石是水族造景中最常见的一种石材，外表青灰色，因其色泽在水下呈现青黑色，带有不规则花纹，精巧多姿，故被玩家称为"青龙石"。

国内使用的青龙石多为英德石，因产于广东英德而闻名。英德石多裸露于地面，长期风化，质地坚硬，色泽青苍，表面多褶皱，形态千奇，非常适合制作园林假山和盆景，同时也是打造水族景观的绝佳选择之一。其被称为景观缸体的主流石材。

青龙石对水质的影响

- pH 值影响：高
- 硬度影响：高
- 色调：灰色，冷色系

青龙石造景图例

青龙石使用小技巧：

青龙石是水族景观造景最漂亮的石材之一，但是对 pH 值和硬度的影响较大。大部分玩家在使用青龙石的时候喜欢用草酸洗刷石材，增加纹路和加深色泽，以增加石材美观度。酸洗青龙石虽然会增加其美观度，但是会腐蚀掉石材表面的氧化层膜，加速水中钙、镁离子的交换，导致水体硬度增加。所以，正常清洗掉石材的泥沙即可，尽量避免使用酸洗青龙石。

松皮石

松皮石产于衢州地区常山县的龙头山。因其石肤多呈古松鳞片状，故得其名。松皮石常见黄色，形态多有变异，表面会有很多小孔，质地松软，可塑性极强，古色古香，使用松皮石制作的山水景色别有一番韵味。值得一提的是，松皮石不会出现硬水的现象。

松皮石对水质的影响

- pH 值影响：小
- 硬度影响：小
- 色调：黄色，暖色系

松皮石造景实例

松皮石使用小技巧：

松皮石对水质影响较小，疏松多孔，形态多变，质地软，以条形为主，是景观缸体里制作山景的绝佳选择。松皮石容易藏泥，较脏，在使用时一定要进行冲洗清理。松皮石质软，所以可以进行切割和雕刻，使用手锯进行二次加工即可，打造出自己喜欢的造型。

木化石

木化石是上亿年前的树木被迅速掩埋进地下后，所形成的树木化石。它保留了树木的木质结构和纹理。颜色为土黄、淡黄、黄褐、红褐、灰白、灰黑等，抛光面可具玻璃光泽，不透明或微透明。因部分木化石的质地呈现玉石质感，又称硅化玉或树化玉。

因其保留了树木的形态、经络，所以纹路清晰，很适合水族景观使用。我们多选用色泽黄褐的木化石进行景观塑造，从审美的观点来看，水草、沉木、木化石属于同性但又不同质的材料，既表现统一的成分又含有变化的特点，既和谐又有跳跃，很多知名的水族作品都是选用的木化石制作完成的。

木化石对水质的影响

• pH 值影响：小
• 硬度影响：小
• 色调：黄色，暖色系

木化石造景实例

木化石使用小技巧：

　　木化石在水族界属于比较冷门的石材，其石材多方正，纹路统一，变化较小。所以在使用的时候，比较适合做山体和断崖，搭配泰国沉木效果最佳，可还原山水画。塑造景观时常常会单一地使用木化石，最重要的就是选择石材的大小，进行高度的变化和水草色泽的搭配。

龟纹石

龟纹石产地众多，因其表面裂纹纵横、雄奇险峻，酷肖名山而著名。岩石质地坚硬，体积较小，纹理纵横是制作小型缸体的绝佳选择，常常可以在小型缸体里展现出宏大的景观效果。龟纹石主要由石炭岩组成，其中的钙离子会慢慢溶入水中，使水质变硬，但相较于其沟纹纵横的纹理，这点缺陷还是可以接受的。

龟纹石对水质的影响

• pH 值影响：中
• 硬度影响：高
• 色调：白，中性色系

龟纹石造景实例

龟纹石使用小技巧：

　　龟纹石纹路裂纹纵横，特色鲜明，每一小块单独使用都是非常漂亮的山体，比较适合制作小型景观缸体，以小见大。景观中龟纹石使用最多的是还原模拟一些地质环境，例如群山、裂谷等。其次，白色化妆砂和龟纹石的组合色泽对比鲜明，又显统一，是绝佳的搭配组合。

火山岩

火山岩是火山爆发后形成的多孔形石材。火山喷发使其发生了物理和化学变化，岩浆变成了火山岩且含有大量的硅、钾、钠、铁、镁等26种矿物元素。由于质地松软、多孔且吸水性强等特性，火山岩常被用作滤材。

火山岩有两种颜色：红色、黑色，红色为通常所说的火山岩，黑色则通常称为"熔岩石"。火山岩含有丰富的微量元素，不影响水质，可培养硝化菌群，是常见的水族石材，也是最容易被忽略的水族造景石材。

红火山石对水质的影响

- pH 值影响：极低
- 硬度影响：极低
- 色调：暗红，暖色系

红火山岩造景图例

黑火山石对水质的影响

- pH 值影响：极低
- 硬度影响：极低
- 色调：黑色，中性色系

黑火山岩造景图例

火山岩使用小技巧：

　　火山岩疏松多孔，矿物质含量丰富，不仅可以吸附水中有害物质，培养硝化细菌，活化水质，还可以促进植物生长，促进鱼儿的发色。火山岩非常适合景观缸体和各色观赏鱼的饲养，例如龙鱼、鹦鹉等鱼类的发色。

　　火山岩形状比较圆润，色泽中性，适合制作荷兰景，搭配多种色系水草效果会更加突出。使用浅色化妆砂，色彩对比明显，也许会有意想不到的效果。同时将火山岩铺设在水族箱最底层，也是增加底床透气性，防止底床腐败的小技巧。

卵石

卵石或者说溪流石，是最常见的纯天然造景石材，经过河水、溪流水长期冲刷而形成，质地坚硬，色泽鲜明古朴，表面光滑圆润，自然感十足。其中黄色和青黑色卵石是制作水景和原生缸的绝佳选择。

卵石对水质的影响

- pH 值影响：极低
- 硬度影响：极低
- 色调：中性色系

卵石造景实例

卵石使用小技巧：

　　卵石是最能展示自然流域的石材，适合南美风格景观缸体和原生景观缸体。卵石圆润，具有多种颜色，表面粗糙多孔，容易起苔，是饲养原生鱼类、打造原生景观缸的常用石材。

　　在制作水景时，选用颜色统一或者颜色相近的卵石，切忌杂色！搭配化妆砂和彩色系水草效果最好，如莎草、牛毛、水兰类等。

如何挑选石材

在搭建景观缸体的时候，要注意选用的石材对缸体内水质的影响。在这些石材中火山岩和木化石对水质影响最小，松皮石次之。色泽形态最优的则是青龙石及龟纹石，在使用青龙石和龟纹石搭建景观缸时建议使用软水（纯水）开缸效果最佳。因为多数石材的形状特点各异，所以在构思不同的景观时，可以选用不同的石材。

⋮挑选石材的技巧

　　石材挑选的要点在于大小、形态、纹路。大小是选择石材的第一要素，有大有小、搭配使用、以大为主、以小为辅才能打造最美的景观。形态要优美，纹路要清晰，可以遵循皱、瘦、漏、透等选石的技法。

（皱）	褶皱，层次丰富，凹凸分明，纹路清晰，充满韵律，飘逸流畅，往往龟纹石最具有此特点。
（瘦）	不是单薄，而是轮廓要美，复合黄金比例，形瘦神满，丰而不肿，是石材的自然美。
（漏）（透）	含有孔隙、孔洞，是曲径通幽之美，可以增加留白和景深。

　　也可以组合挑选，两块石材拼接往往有意想不到的效果，大块石材要搭配若干小块石材，甚至掩埋部分，才能达到预期效果。埋入的姿态可根据岩石的形状、纹理采用平卧、直立或斜立的方法，在水族箱中也可以只放一块岩石，也可使用多块岩石或小块碎石散落在水族箱底，然后在岩石间种植低矮的水草，营造出山区河底的风貌。

　　　　　　　　　　　　　一缸一景一世界　从这本书爱上水景缸

水景缸常用木材

除了石材，在水族景观当中应用最多的就是木质素材。目前，水族市场上沉木的种类有很多，可以这么理解，只要是能够沉在水底而不漂浮的树根都可以应用在水族景观当中。在制作景观时选材上要尽量贴近天然，充分显露出沉木素材的古拙、苍劲的木质特点，这样最能增加水族景观的原始自然感。

沉木

沉木，顾名思义就是可以沉入水底的木头。沉木是国内的一种通俗叫法，在国外沉水的木头统称为"流木"。

沉木是地质变化，树木被冲入河流水域中历经炭化而自然形成的，因万年不腐，密度大，质地坚硬，姿态优美、自然而闻名。

沉木图例

沉木是腐蚀形成的，腐蚀又分为水浸泡腐蚀、生物（虫子、微生物）腐蚀，木头经过这两种腐蚀，剩下了木头内部最坚硬的部分。腐蚀过程中木头也会逐渐酸化、硬化、稳定化，形成了我们所说的沉木。

沉木多少都含有腐殖酸、丹宁酸和黄水素这几种成分，它们都是带有颜色的物质，其含量多寡与开采的环境有关，如取自于自然水域者（尤其是流水域），腐殖酸和丹宁酸含量比较低，挖掘于土层者含量比较高。

腐殖酸微溶于水，其水溶液呈黄褐色。丹宁酸可溶于水，其水溶液呈茶色，并导致水质酸化，但对于水草和观赏鱼的养殖有很大的益处。腐殖酸可以促进植物的生长和帮助鱼类避免细菌的感染，以及增加体色。可以这么说，在相同的条件下，沉木多的缸子，鱼类更加活泼，其颜色更加艳丽。绝大部分色彩艳丽的热带鱼都产自于巴西的黑水流域，水中含有大量的腐殖酸，所以黄色水质并不会影响鱼儿的健康。

沉木对水质的影响

- pH 值影响：中（偏酸）
- 硬度影响：极低
- 色调：暖色系

沉木造景实例

沉木使用小技巧：

　　沉木是最早在水景缸中使用的造景素材，不仅可以稳定水质，而且利于景观缸体中动植物的生长、发色、繁育等。沉木不仅可以增加水景缸硬性景观的丰富性，也是很好的水草定植素材，例如附生类植物莫丝类等。

　　沉木质地坚硬，但是造型相对单调、厚重，所以造型别致优美的沉木素材往往一木难求。沉木沉稳大气，适合打造 ADA 风格、南美风格水族造景。使用时可以采用组合搭配，沉木为主，石材为辅。沉木缸体不适合搭配大量石材，沉木景观缸体搭配红色系水草往往效果更佳。

杜鹃根

在国外，杜鹃根被称为"布兰奇木"，其并不是杜鹃树的根系，实则是映山红的枝条和根系，质地坚硬，造型多变。经过人为处理后色泽金黄，枝条众多，造型独特，朴素优雅，不需要进行过多的拼接组合，就可以打造出美丽的景观构架，是备受水族造景者欢迎的经典木材之一。但初次使用时会因无法短时间内完全浸透而导致上浮，出现漂浮现象，需要石块定压或者捆绑一段时间。

造景开缸初期会形成雾状溶解薄膜，俗称"菌膜"，只需要换水时，使用水管抽走即可。不少热带鱼也喜欢啃食菌膜，其中玛丽鱼的效果最好，也可以购置黑壳虾用来处理菌膜。

杜鹃根对水质的影响

• pH 值影响：极低
• 硬度影响：极低
• 色调：暖色系

杜鹃根造景实例

杜鹃根使用小技巧：

　　杜鹃根是近年来最火的造景素材，很多优秀的作品都是使用杜鹃根来完成的，它在水族造景中往往起到画龙点睛的作用。杜鹃根造型多变，适合简单地拼接或者独立使用，且不会黄水，是搭建景观缸体的理想选择。

泰国沉木

泰国沉木也叫作泰国枝，它并不是严格意义上的沉木，而是一种产于泰国的植物树枝，密度较大，可沉水，小枝众多，适合做树木、迎客松、森林等景观缸体。

泰国沉木对水质的影响

- pH 值影响：极低
- 硬度影响：极低
- 色调：暖色系

泰国沉木使用小技巧：

泰国沉木非常有特点，小枝众多且可以一枝独秀。其适合做断崖式造景的迎客松，极为适合小缸应用，可以增加景深或者点缀使用。搭配条形木化石效果会更佳。

：其他木材

现在被应用在水族造景中的木质素材有很多，原则上只要不影响水质皆可使用，例如近年来非常火爆的藤条和造型树根等。可以沉水的树根有很多，颜色为黄色和褐色相间，质地较松软。因为取材较为广泛，没有一定的标准，所以造型好的比比皆是，选择余地很大。此类木质素材开始并不沉水，需要石材挤压或者一起固定才可沉水。使用时主要是用来拼接组合使用或具体体现某个细节景观。

沉木古朴自然，能够表现热带雨林中丰厚的天然景观，可以构建具象景观，也可以抽象地表达。在造景技法上，沉木还能起到承上启下的效果，在沉木景观前栽培矮小的前景水草，沉木景观后侧栽培高大的后景水草，用沉木替代中景水草就会形成前后对比、层次分明的效果。推荐搭配彩色系水草，会有意想不到的效果。

沉木选择众多，沉木对水质影响最小，效果最自然。杜鹃根适合新手使用。若遇到沉木黄水现象，可以通过增加换水频率来缓解黄水症状，也可通过购买净水产品解决此类问题。

如何
挑选沉木

    沉木的挑选要点和石材的基本一致，但又有所不同，在瘦、漏、透、皱的基础上增加了枝、节、杈等选材的要素。

瘦   棱角分明，骨感强烈。整体看来沉木亭亭玉立，形态优雅。可这个标准也不是绝对的，也有其他造型，只要整体感觉突出，达到预想效果就好。

漏   何为漏呢？一些腐蚀成半孔洞或桥状的造型称为"漏"，这样能增加水草造景的沧桑感与艺术感。

透   主要是指沉木上有透过视线的空隙与洞穴，这样的沉木不仅造型优美，而且重心也比较低，所以在水草造景中极具稳重感。当然，造景的优劣有时也取决于"奇特"两字，越奇特新颖，艺术价值就越高。

皱   纹路有些褶皱，看起来很有质感。不同的沉木具有不同的纹路，造出的景色也是各有千秋。所以，在水草造景过程中要根据具体的造景思路决定用什么类型的沉木，或者依照已有沉木的特点构思造景形态。

枝   自然的树枝或树根是鉴赏沉木的标准之一。自然的形态更能表现出水草造景的最好状态。所以，一般选择沉木时，看树枝或树根是否自然多变，是否有人工加工过的痕迹。

节   沉木除了可以做主景，还可以为鱼儿提供一个很好的栖息地。如果是有树节的沉木，鱼儿能自由穿行其中，更能添加生动与趣味。

杈   枝杈比较自然，造型良好，也是沉木的选择标准之一。有时我们也不用刻意追求完美，只要枝杈与整体搭配协调即可。

注：造型好的沉木往往难以买到，所以更多的时候是选择小的根状沉木拼接使用。可以使用景观胶水进行二次拼接，塑造理想的形态，例如根系的拓展、枝条的延伸等。

化妆砂的妙用

沙子的种类有很多，在水族圈，沙子大致分为两种：天然沙和人工砂。天然沙是自然风化而天然形成的，往往色泽、形态都比较自然，颗粒细腻；人工砂是由岩石轧碎，经过染色而成，色泽艳丽，往往体型相对较大，对水体影响也较大。

人工砂

人工砂可以说是彩砂，常出现于宠物市场，从细腻的细砂到彩色小石头都可以找到。由于是人工破碎，没有经过风化，化学性质不稳定，往往会造成缸体内硬水现象，并不适合应用在水族箱中。

人工砂对水质的影响：

硬水比较明显，导致水体中钙离子、镁离子等阳离子含量增高，从而使水的硬度增高，TDS 数值增高。水的硬度增高往往表现为水碱和水垢，也会导致动植物的生长发育不良，水族箱饲养的水生动植物大多数喜欢弱酸性软水的环境。

天然沙

天然沙主要成分为二氧化硅，通常以石英形态存在，化学性质稳定，质地坚硬，不影响水质，是水族箱的最佳选择。天然沙往往用在水族箱最前部分，主要作用不是用来种植水草，而是营造河流、底床和留白等效果，用于装饰、点缀水族景观，提升亮色，有点睛之笔的作用。

市面上常见的化妆砂种类有很多，我们根据沙粒的大小分为细粒和粗粒。通常所说的化妆砂是指细粒的化妆砂，粗粒的化妆砂通常被称为"川沙砾"。化妆砂因为颗粒细小，所以不要铺设太厚，通常 0.5 ~ 1.0cm 即可，避免产生厌氧环境，滋生有害细菌。

天然的化妆砂颜色偏土黄色或带有白色，色泽明亮，可以模拟出自然的河底风情，也是制作河流的上佳选择。

川沙砾

川沙砾颗粒较大，颜色相对较杂，多是暗色，黑黄相间。其多用于原生缸体，模拟原始的河底风貌。

天然沙对水质的影响：
天然沙对水质的影响并不大。在使用时，往往大小搭配使用，其效果会更自然和谐。

贝壳沙

　　贝壳沙也属于天然沙，是贝壳类海洋动物的遗体经过潮汐和陆地入海处水的冲击被推到一个特殊海域而沉积下来的一种产物，颜色纯白。贝壳沙虽然看似很漂亮，但不适用于一般的景观缸体，因其硬水严重，更多的是用于打造"三湖造景"（养殖观赏三湖慈鲷鱼类的景观缸体）和"海缸造景"（饲养观赏珊瑚海水鱼的景观缸体）。

贝壳沙对水质的影响：

　　贝壳沙虽然也属于天然沙，但对水质的影响最大，是养殖特定鱼类所使用的沙类，并不适合我们的家居景观缸体使用。

　　注：在选择化妆砂时，请使用天然河沙，无论是色泽还是效果，都是打造自然景观缸体的最佳选择，其中"沙"和"砂"一定要加以区分，"沙"是自然产物，自然形成颗粒较小；"砂"则是人工产物，颗粒较大，没有经过自然洗礼，往往对水质影响较大。

一缸一景一世界　从这本书爱上水景缸

第四章
水景缸造景中的美学应用

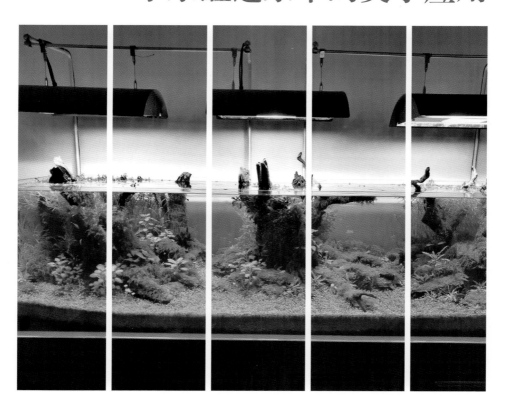

培育美丽的水草和饲养健康的鱼群，需要我们尽可能地在水族箱内模拟还原自然的水下环境。在前面的章节中我们详细地介绍了景观缸体的组成，或者说是水族箱的必要饲养器材。水草景观缸体是一个微妙的半生态系统，我们还不能完全地模拟整个生态流域，所以严格地说还只能是个半稳定生态系统。

光	使用各种照明灯具，例如 LED、荧光管、卤素灯、节能灯模拟自然光源，促进植物进行光合作用，使水生植物健康地生长和繁育。
二氧化碳	为了促进光合作用必须添加二氧化碳，水族箱内的二氧化碳主要是由鱼类消耗水草产生的氧气所生成，并不能满足水草的健康生长。所以必须额外添加二氧化碳以促进植物的生长发育。
氧气	水草在吸收二氧化碳进行光合作用的同时会产生氧气。从植物叶片释放出来的微小氧气泡是水景缸里最有趣的情景之一，同时也是鱼虾等水生动物呼吸的主要来源。
分解者	水生动植物生长过程中所产生的枯叶、粪便和尸体等，会使水体产生毒性较大的氨。氨在水中与水结合形成氢氧化铵，毒性比较大，对水生动物鱼虾来说属于剧毒，非常危险，能使鱼类血液中的蛋白质变性而失去生理功能导致死亡。自然界中氨化合物的分解由亚硝化细菌、硝化细菌共同分解完成。亚硝化细菌对氨化合物进行分解，转变成亚硝酸，这个过程称为亚硝化；亚硝酸盐对水族箱中植物和鱼虾等生物也是有害的，亚硝酸盐会被硝化细菌继续分解成硝酸盐，这个过程称为硝化。水族箱中的氨氮通过这个过程慢慢地分解为无害的硝酸盐。而过滤器就是培养硝化菌群，完成亚硝化和硝化过程的重要组成部分。

生产者	水生植物会吸收水中的营养物质（液肥）、鱼虾的排泄物和饲料过多产生的氨氮，以及底床（水草泥）的微量元素。当水中养分不足时会影响到水草的生长发育，因此需要在水族箱中追加液体肥料或者固体肥料，以补充营养物质。
消费者	景观缸体中除景观和水草等植物外，还需要放置各类适合的观赏鱼、虾和螺等生物来增加生机和灵动性，其为景观缸体内的主要消费者，以此完成一个微缩的生态链。
水草	水草是水生植物的一类，水生植物根据生长环境和形态可以分为4个种类：浮生植物、浮叶植物、挺水植物、沉水植物。

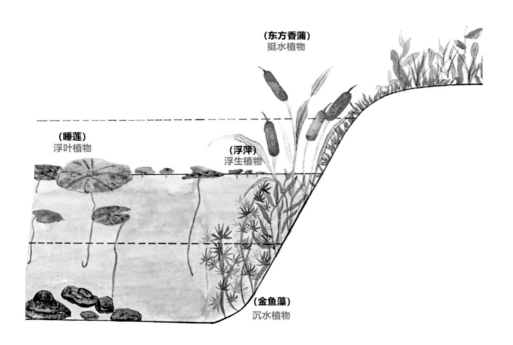

(东方香蒲)
挺水植物

(睡莲)
浮叶植物

(浮萍)
浮生植物

(金鱼藻)
沉水植物

一缸一景一世界 从这本书爱上水景缸

浮生植物	不会在水底土壤扎根，漂浮于水面，例如浮萍、水葫芦等。
浮叶植物	根部深扎水体底部土壤，叶片漂浮于水面，例如睡莲、芡实等。
挺水植物	叶与茎生长在底部土壤，茎和叶挺出水面，也可在水中生长，这类植物往往具有水陆两生特性。例如东方香蒲、芦苇等。
沉水植物	全部沉入水中，整体位于水下生长的植物，例如簧藻、金鱼藻等。

这是水生植物在生物学中的分类方式，在我们的实际应用中往往帮助不大，我们更多的是根据水草的形态和使用位置来加以分类。

按照形态大致分为：有茎类水草、丛生类水草、水榕类水草、椒草类水草、皇冠类水草、睡莲类水草、蕨类水草、莫丝类水草等。

按照水草在景观缸体中的应用，根据水草叶形、高度和种植区域，一般分为三类：前景水草、中景水草、后景水草。

前景水草	种植在水族箱的前部分，一般多为小型低矮或生长缓慢的水草，例如矮珍珠、迷你矮珍珠等。
中景水草	种植在水族箱中间部分，高度适中，不会遮挡低矮的前景水草和高大的后景水草，例如各种椒草、簧藻、水榕等。
后景水草	种植在水族箱的最后侧区域，多为有茎类水草，一般体型较大，高度最高，色泽也是最多的一类水草，例如宫廷草、丁香草等。

造景中的美学构图

水族箱的灯具、过滤器、二氧化碳系统、土壤等硬件安装完成后，就可以准备创作一只水草景观缸体了。打造一只美丽的水族箱，当然离不开美学构图，合理的布局和构图可以让我们的水族箱更加美观。

水草造景的构图大致可分为三种：凹形构图、凸形构图和三角形构图。三种基本构图既可以单独使用，也可以组合搭配使用，构建出一幅出色多变的水景作品。

　　凹形构图是自然界中最常见的形式。在水草造景中一般表现为中部区域留白，两侧放置石材和沉木，构建骨架，可以凸显水草的繁密和整体的平衡感。

　　凸形构图是和凹形构图截然相反的构图模式，骨架素材和水草集中搭配在中间部分，两侧留白，凸显重点，常常让人记忆深刻。

三角形构图是把造景的重心放在左侧或者右侧的一种造景方式。从一侧开始，底床由低到高，骨架和水草的搭配也是如此。三角形构图前景搭配化妆砂，效果会更好。

若在制作景观缸体时感到困惑，可以尝试从这三种基本构图入手，选择其中一种构图模式，往往会事半功倍。当然，优秀的水景作品往往都是多个模式组合搭配，制作出宏大的景观场景。

黄金比例和
视觉焦点

世间万物都存在着最协调的、最美的比例关系，称之为"黄金比例"。黄金比例简单地说是一种比例关系，其比值约为 1 ： 0.618，即是一种数学上的比例关系，具有严格的比例性、艺术性、协调性，蕴含丰富的美学价值。

黄金比例也被称为"黄金分割"，在水族景观缸里使用最多的技法就是黄金分割，缸体空间一分为二，较大的部分即为主体部分，较小的部分为辅，主辅关系既明确又协调，这样才能达到一种不平衡的美感。

在造景过程中不需要非常严格的计算，比例约为 3 ： 2 即可，若感觉素材不够协调的时候可以尝试往左或者往右迁移，以寻找最佳的平衡位置和比例关系。通常在黄金分割点制作河道或者留白，会做出更好的视觉效果。

视觉焦点，可以理解成视线交会的位置，或者说整个水景作品中最吸引人的地方。视觉焦点可以说是水景作品的主角和灵魂，最能突出作者的主体思想和整体立意。视觉焦点可以是一块岩石，也可以是一块沉木，还可以是河道或一种不同形态、颜色的水草，甚至是空间留白等。

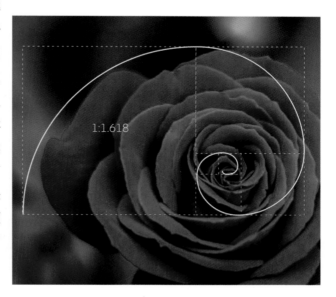

1:1.618

八个塑造景深的
常用技巧

前低后高

底床采用前低后高的铺设手法，是造景中很常用的手法之一。在造景之始就把底床做得前低后高，从视觉角度可以把景深拉出来，整体效果会显得高远很多。

前大后小

前景部分（前侧）使用较大的素材，后景部分（后侧）使用较小的石块和木材，也是常见的手法之一。这是利用透视原理，前大后小，可以增加整体的景深效果。

前深后浅，颜色递进

"前深后浅"指的是颜色的搭配，此技巧属于进阶的技巧。利用我们的视觉感官原理，深色感官对比会更加强烈，营造出景深感。主要是应用水草颜色的搭配技巧，水草颜色众多，从前到后可以使用不同颜色的水草搭配出颜色的递进视觉感，同时会增加整体层次美感。例如：前景草选用浅绿色水草，中景使用深绿色，后景使用浅绿色或者红色系水草。使用水草的色差，营造出空间感。

前宽后窄

这属于塑造景深里，比较细腻的一种技巧，利用水草叶片的大小、形态来营造景深，也是源于"近大远小"的视觉透视原理。在林景中比较常使用，前侧往往选用较大叶片的水草，后侧选用叶片细腻的后景草，叶片大小落差，增加景深。

无中景过渡

中景通常作为过渡带发挥着承前启后的衔接作用以达到自然和谐、层次分明的效果。取消中景草，将前景草延伸至中景乃至后景局部，也会大大地增加景深感。

铺设化妆砂

巧用化妆砂，通过铺设化妆砂来提亮，形成色彩对比并分割布局。河道（化妆砂）分割左右布局，对全局的景深起着至关重要的作用。例如在黄金比例位置铺设河道，前侧河道开口大，后侧河道宽度减小、变细，会极大地增加景深感。

空间布局

空间布局是时下相当热门的一种表现手法，简单地说即通过镂空结构的手法来塑造景观，整体通透，以此加强景深感。另外，单一的塑造"孔洞"，或延伸出来的"隧道"式造景，通过洞穴来表达景深是最直接，也是效果最好的表现手法之一。

应用光线

使用背景灯及拍摄时对补光灯光线的运用技巧，也可以大大地增加景深效果。

学会以上 3 种简单的构图模式，合理地利用黄金比例和视觉焦点来清晰地表达自己的立意并加以应用 8 种塑造景观的技巧，即可打造出简单却最能动人心弦的美丽景观。

常见的水景缸
造景风格

荷兰式造景风格

荷兰式造景风格起源于欧洲，是最古老的水族景观风格之一，盛行于20世纪30年代。荷兰景运用了荷兰园林中的造景模式，不使用任何石材和木材，只是在水族箱底床之上种植各种不同高度、不同色彩的水草，通过高度差、颜色差，使不同的叶形和颜色得以互补，并借助美学黄金比例加以组合排列，展现水草本身的魅力。

大多数荷兰式景观缸体都以水草的高密度、丰富的对比度以及色彩和纹理为特征。荷兰式造景风格，需要造景者对大多数水草有着深度的认知和理解，需要有丰富的养殖经验。

自然式造景风格

自然式造景风格可以说是"日式造景风格"或者"ADA式造景风格"。20世纪80年代，日本的天野尚先生提出了自然水族造景的概念，通过水草的培育，在鱼缸中建造出良好的自然环境，并使水草与鱼虾等生物共同生长培育，再现自然景观的造景模式。

自然式造景风格使用石材和沉木等素材，融入东方美学原理，追求自然的平衡意境以及整体的和谐。

南美式造景风格

南美式造景风格的灵感来源于亚马孙热带雨林，还原亚马孙流域的水下自然景观。该造景风格多使用大型沉木和少数石材及种类丰富的水草（以大型的南美洲原生水草皇冠类水草为主）。来自亚马孙河各种色彩艳丽的观赏鱼与古朴独特的沉木共同创造出一个神秘原始、带着梦幻色彩的南美式风格景观缸体。

非洲式造景风格

非洲式造景风格更多是还原非洲湖底的自然风貌，多使用沙砾为底床，使用岩石或叠岩为素材进行景观搭建，点缀部分水草（以阴性水草水榕等为主），更多的是用来饲养产自非洲的各种原生鱼类，典型的代表就是三湖景观缸体。

原生式造景风格

原生式造景风格是时下最流行的造景风格，以南美式造景风格和非洲式造景风格为基础，在鱼类爱好者的推动下演化而来。主要以饲养观赏鱼为主、水草为辅，甚至不使用水草，以苔类为主要植物，根据不同的观赏鱼的生活环境，塑造还原不同的水下原生态景观。

原生缸使用的素材极为丰富，从石材到木材、水草泥、砂石等，应用灵活，以具体饲养鱼类的环境为基准。

中式造景风格

中式水草造景起步较晚，虽然在近些年造景比赛中取得了很好的成绩，但目前还没有形成特别明显的风格特征。南方式水草造景手法往往有细致婉约的风格，北方式水草造景则有豪放旷达的风格。目前，部分大学开设了水族景观专业，希望在不久的将来能够形成一类富有中国特色的水族造景风格。

第五章
水景缸常用水生植物有哪些

水草，是水生植物的简称，在水域生态体系里担任食物及氧气供应的角色。随着水族景观缸体的普及，水草已经成为水族景观当中不可或缺的一员。更多的水族商家从售卖塑料假体水草，转变为售卖活体水草，开启了水族造景的新时代。

除此之外，还有很多水草被应用于大型园林景观的池塘当中，相较于传统池塘，更具有观赏性，别有一番风味。

目前，市面上的水草种类繁多，国内市场流通的水草种类已经超过300余种。水草种类的区分通常可以按照以下几种方法来进行：

依照水草颜色区分

水草根据外观颜色可以分为红色系（彩色系）和绿色系两大类，植物体的颜色主要跟其体内花青素的含量有关。

依照植物对光照需求区分

相比较陆生植物而言，水草基本都可以划分为阴生植物，但水草还可以再根据需求光照量划分为"阳性水草"和"阴性水草"。

依照种植区域划分

根据水草的生长环境可以划分为浮生植物、浮叶植物、挺水植物、沉水植物。

依照形态划分

有茎类水草、丛生类水草、水榕类水草、椒草类水草、皇冠类水草、睡莲类水草、蕨类水草、莫丝类水草等。

依照植物类型划分

水草的种类丰富，除了草本维管束植物之外，还有低等的蕨类植物、苔藓类植物和多细胞绿藻。

根据景观缸体的种植区域划分

可以分为"前景水草""中景水草"以及"后景水草"。

在景观设计中，我们通常根据水草的高度划分种植区域，低矮的或生长缓慢的水草种植在缸体前侧区域（例如：矮珍珠），稍高的水草种植在中间区域（例如：簧藻）高大些的有茎类水草种植在最后端（例如：宫廷草）。由此分为"前景草""中景草"以及"后景草"。按照高度区分种植搭配水草，才能表现出景观的层次感、景深感，景观才会更漂亮。

各式各样的水草经过高效的运输体系，被输送到全世界各地区的水族店中。一般在水族店中常见的水草原产地分别来自于北美洲、南美洲、非洲、亚洲、大洋洲等地。现如今，在各个国家和地区都有专业从事水草繁育的厂家，将来自各地区不同的水草进行繁育和销售。目前，我们可以购买到的主流水草大部分由广州的水草繁育厂家统一培育而来，北方地区的一些优质厂家占据了少量市场份额。

一缸一景一世界 从这本书爱上水景缸

常用的前景草

🌿 矮珍珠

矮珍珠　被子植物门、透骨草科	颜色分类　绿色
培育难度　简单	光照需求　强光
适宜温度　22 ~ 28℃	pH 值　6.0 ~ 7.2

　　矮珍珠草匍匐生长，呈现卵形对生叶，密集生长，成景效果极佳，经典的主流前景矮生水草。相较于爬地珍珠草和迷你矮珍珠草更易养殖，在适宜条件下，一个月内即可成景。因其生长速度极快而备受青睐，但需要经常修剪。光照不足时会出现追光现象。

🌿 爬（趴）地珍珠

爬（趴）地珍珠　唇形目、母草科、微果草属	颜色分类　绿色
培育难度　中等	光照需求　强光
适宜温度　20 ~ 28℃	pH 值　5.5 ~ 7.2

　　爬地珍珠草别名新大珍珠草、趴地珍珠等，常常应用于水草景观的前景区域，在底床匍匐、蔓延生长，光照较弱的时候会出现追光情况。相较于迷你矮珍珠，爬地珍珠草既可以适应 28℃ 的高温也可以适应 18℃ 左右的低温，其耐受性较强。近年来逐渐替代迷你矮珍珠和矮珍珠草，成为颇受欢迎的前景草之一。

🌿 迷你矮珍珠

迷你矮珍珠　被子紫植物门、母草科、小泥花属	颜色分类　绿色
培育难度　难	光照需求　强光
适宜温度　18 ~ 23℃	pH 值　5.0 ~ 7.2

　　迷你矮珍珠草原产地为北美洲古巴。其对光、二氧化碳和温度的要求较高，养殖难度高。在温度超过 27℃ 时会出现黄叶现象，因此，如何安稳过夏成为困扰每位种植迷你矮珍珠草爱好者的难题。迷你矮珍珠草作为叶片最小的前景草，广受好评，在适宜的条件下会成片生长，如同绿色地毯一般，非常漂亮。

❀ 汤匙萍

汤匙萍　槐叶萍目、萍科、萍属
培育难度　中等
适宜温度　15 ~ 22℃

颜色分类　绿色
光照需求　中强光
pH 值　6.5 ~ 7.0

　　汤匙萍又名"南国田字草"，分布广泛，我国南方亦有分布，培育难度同矮珍珠草相近，培育难度不高，很容易扎根生长，展现原有的美感。培育中需要足够的光和添加足量的二氧化碳，喜欢弱酸性的水质。在强光下叶片会呈红色，缺少磷肥叶片容易枯黄。其是较为漂亮的前景水草之一。

❀ 天胡荽

天胡荽　伞形目、五加科、天胡荽属
培育难度　中等
适宜温度　22 ~ 28℃

颜色分类　绿色
光照需求　中等
pH 值　6.0 ~ 7.5

　　天胡荽又名"天湖葵"或"天胡荽"，常见于各种水塘附近，生命力顽强，无论是山区还是平地均可生长。水上叶转变为水下叶需要注意转水过程，直接将水上草种植于水下会发生叶片溶化现象，难以生长出水下叶片。其生长速度极快，是常用的前景和中景水草之一。

❀ 挖耳草

挖耳草　唇形目、狸藻科、狸藻属
培育难度　中等
适宜温度　18 ~ 28℃

颜色分类　绿色
光照需求　强光
pH 值　6.0 ~ 7.0

　　挖耳草是最漂亮的"地毯类"水草之一，成景后的效果如同置身于大草原一般梦幻。实际上，挖耳草属于食虫植物，为狸藻的一种，同"小白兔狸藻"等植物相同，拥有囊形捕虫器，附着于植物的叶和茎，只有约 1 mm，通常肉眼能见到微小透明的白色囊袋。挖耳草对肥料需求量巨大，肥料不足时则会出现"捕虫囊"，影响观赏效果，日常需要添加液肥来满足其需求。

🌿 牛毛草

牛毛草　禾本目、莎草科、荸荠属
培育难度　中等
适宜温度　20 ~ 28℃

颜色分类　绿色
光照需求　中强光
pH 值　5.8 ~ 7.5

牛毛草也称"牛毛毡"，生长速度极快，分布广泛，在我国南方的水田里十分常见。在适宜条件下牛毛草可以生长至 12cm 高，需要经常修剪。在超过 29℃的水温条件下会出现叶片发黄的情况，可以将发黄叶片修剪后继续养殖，生命力极强。

🌿 迷你牛毛草

迷你牛毛草　禾本目、莎草科、荸荠属
培育难度　中等
适宜温度　20 ~ 28℃

颜色分类　绿色
光照需求　强光
pH 值　5.8 ~ 7.5

迷你牛毛草不同于牛毛草，生长速度较为缓慢，培育时需要注意营养搭配，同时需要添加足量的二氧化碳。目前市面常见的迷你牛毛草均为日本迷你牛毛草，高度在 2 ~ 3cm。作为前景草十分好看，但是常常价格不菲，"一草难求"。

🌿 矮生叉柱花

矮生叉柱花　唇形目、爵床科、叉柱花属
培育难度　简单
适宜温度　20 ~ 28℃

颜色分类　绿色
光照需求　中强光
pH 值　6.0 ~ 8.0

矮生叉柱花又叫矮生青叶柳，是翠绿色十字对生水草，在适宜的条件下会匍匐生长，茎为棕色，作为前景草而言十分适合长度超过 1.2m 以上的大型水草景观。可以进行扦插繁育，匍匐向四周生长，小区域或成片的种植效果极佳，是不可多得的前景草和中景草的选择。

🌿 针叶皇冠

铁叶皇冠	泽泻目、泽泻科	颜色分类	绿色
培育难度	容易	光照需求	中强光
适宜温度	18 ~ 30℃	pH 值	6.5 ~ 7.5

针叶皇冠原产于南美洲，其对光照和水质的要求并不高，能适应多种水质条件。在良好的环境条件下，水下草的叶片会覆盖在底床上，而且覆盖密度较大，可以作为前景草使用，更多的是用作点缀和过渡使用。若其生长过于茂盛，略显杂乱，会影响美感，可以不定时地修剪，保持适当的密度和活力。

🌿 南美草皮

南美草皮	伞形目、五加科	颜色分类	绿色
培育难度	容易	光照需求	强光
适宜温度	15 ~ 26℃	pH 值	6.0 ~ 8.0

南美草皮作为前景草，同针叶皇冠略有相似之处，水上草与水中草同形，喜爱低温环境，在光照、二氧化碳和肥料充足的情况会快速生长。若是光线不足、二氧化碳不足会出现追光、稀疏等不良情况，所以，培育此种水草时一定要在强光环境下才可以使其不断地匍匐生长，形成茂密的草原盛景。

常用的中景草

🌿 雨裂水蓑衣

雨裂水蓑衣　唇形目、爵床科、水蓑衣属	颜色分类　橙色，绿色
培育难度　简单	光照需求　中光
适宜温度　10 ~ 24℃	pH 值　5.5 ~ 7.0

　　雨裂水蓑衣的水上叶与水下叶基本相同，都为十字对生羽状裂叶，茎呈绿色至红褐色，植物体硬挺，尤其是水上叶。水上叶黄绿至橄榄绿，但顶芽偶尔会泛红。中脉通常呈红色，叶缘略有褶皱。水中叶会变得比较狭长一些，较薄，十分漂亮，可以种植在水草泥中，也可使用莫丝胶粘贴或捆绑定植在石材或木材上，作为点缀使用。

🌿 小谷精

小谷精　禾本目、谷精草科、谷精草属	颜色分类　黄绿色
培育难度　困难	光照需求　强光
适宜温度　22 ~ 28℃	pH 值　6.0 ~ 7.0

　　小谷精原生环境为稻田和湿地，在水上及水下均可生长，通常水上叶与水下叶形相似，在水中仍然会抽出花序，长出水面之后会开出白色的花朵。在景观缸体中需要明亮的环境和二氧化碳，可以用于小型景观缸体当中，作为前景草或中景草点缀使用。

🌿 喷泉太阳

喷泉太阳　唇形目、唇形科、刺蕊草属	颜色分类　黄绿色
培育难度　困难	光照需求　强光
适宜温度　20 ~ 25℃	pH 值　6.0 ~ 7.5

　　喷泉太阳叶呈辐射状展开，带有波浪状褶皱，而名字易让人误认为是太阳草系列水草。水上与水下叶形态相同，能长出较长的茎，水上叶翠绿色，水下叶黄绿色，作为前、中景草使用。此种水草还有人工选育的红色喷泉太阳，是很有趣的变种形态。

🌿 咖啡椒草

咖啡椒　泽泻目、天南星科、隐棒花属
培育难度　中等
适宜温度　22 ~ 28℃

颜色分类　黄褐色
光照需求　中强光
pH 值　6.0 ~ 7.5

在椒草刚刚引起水族爱好者目光的时代，咖啡椒草占据了相当重要的地位。因其独特的叶片花纹及色彩饱受好评。但是咖啡椒草也具有椒草的通病，对于水质波动十分敏感，不耐高温，在温度高于28℃或在弱碱性水体当中常会出现叶片腐烂的现象。可作为水质"检测官"以观察水质。

🌿 火烈鸟椒草

火烈鸟椒草　泽泻目、天南星科、隐棒花属
培育难度　中等
适宜温度　22 ~ 28℃

颜色分类　红色
光照需求　中等
pH 值　6.0 ~ 7.5

火烈鸟椒草是一种通过人工选种培育而成的水草，独特的粉红色叶片，在灯光照射之下显得与众不同。火烈鸟椒草生长速度相对缓慢，在成熟的母株旁会生长出侧芽，可以通过侧芽繁殖，对于光照和二氧化碳要求并不严苛，但是在强光的条件下会更加艳丽。

🌿 迷你椒草

迷你椒草　泽泻目、天南星科
培育难度　中等
适宜温度　22 ~ 28℃

颜色分类　绿色
光照需求　中等
pH 值　5.0 ~ 7.0

迷你椒草常被布置于水草景观当中弱光区域，因容易种植和独特的鲜绿色以及迷你叶形，越来越受到水草造景爱好者的青睐。其常被用作于前中景草，喜欢明亮环境，可以单独点缀使用，也可以成片种植，为走茎繁殖。

🌿 绿温蒂椒草

绿温蒂椒草　泽泻目、天南星科、阴棒花属　　　颜色分类　绿色
培育难度　中等　　　　　　　　　　　　　　光照需求　中等
适宜温度　22 ~ 28℃　　　　　　　　　　　pH 值　5.0 ~ 7.6

绿温蒂椒草作为早期被广泛推广的椒草之一，一直被应用于各类水草造景当中。绿温蒂椒草喜肥沃的底床，在少量二氧化碳的条件下即可正常生长，也可在沙质底床中正常生长，生命力顽强，是最常使用的椒草之一。在强光环境下，偶尔会出现茶色叶脉。

🌿 铁皇冠

有翅星蕨　真蕨目、水龙骨科、星蕨属
颜色分类　绿色
培育难度　简单
光照需求　中等
适宜温度　20 ~ 28℃
pH 值　5.5 ~ 7.5

叶片宽大，叶片呈带状，长度可达30cm以上，能够适应不同的水质条件。其具有明显的根茎，根部呈黑色。在成熟的叶片底层会有褐色的孢子囊，对光照需求不高，种植简单，常常用来定植在沉木之上。

🌿 细叶铁皇冠

细叶铁皇冠　真蕨目、水龙骨科、星蕨属
颜色分类　绿色
培育难度　中等　　　　　光照需求　中弱光
适宜温度　25℃　　　　　 pH 值　5.5 ~ 7.5

细叶铁皇冠又称为窄叶铁皇冠，是由丹麦人工选育而来，ADA 景观缸体中常使用的水草，被广泛应用于水草造景当中，常见于自然风格水草造景当中。外观同铁皇冠相似，但是叶片狭长，根部有条状根茎，是最漂亮的皇冠草。在水质良好的条件下会生长侧株，水质普通的情况下，叶片背部会生长褐色的孢子囊。使用时单独定植于沉木之上，生长相对缓慢，因此价格比较昂贵。

🌿 鹿角铁皇冠

鹿角铁皇冠　真蕨目、水龙骨科、星蕨属

颜色分类　绿色

培育难度　中等

光照需求　弱光

适宜温度　20 ~ 28℃

pH 值　5.5 ~ 7.0

　　鹿角铁皇冠同细叶铁皇冠不同，在叶片的顶端呈羽裂状，类似鹿角一般分叉生长。叶片呈绿色，长度可达 20cm，可以绑缚于石头和沉木上生长，在叶片背部也会生长褐色的孢子囊。

🌿 黑木蕨

黑木蕨　真蕨目、实蕨科、实蕨属

颜色分类　绿色

培育难度　困难

光照需求　中等

适宜温度　22 ~ 26℃

pH 值　5.8 ~ 7.2

　　黑木蕨叶片呈绿色羽状，在水质良好的情况下呈翠绿色。对于水质要求很高，喜爱弱酸性流动水体，在水质不良或水质过硬的情况下叶片会发黑。往往定植于沉木之上，价格较为昂贵，种植难度较高。

🌿 青木蕨

青木蕨　真蕨目、铁角蕨科、膜叶铁角蕨属　　　　颜色分类　绿色

培育难度　困难　　　　　　　　　　　　　　　　光照需求　中等

适宜温度　18 ~ 26℃　　　　　　　　　　　　　pH 值　5.0 ~ 7.0

　　青木蕨叶片呈青绿色，对水质要求极高，在水质条件良好的情况下叶片呈半透明状，是在水下景观里还原陆生植物形态极高的水草。喜爱弱酸性流动水体，可以绑缚于沉木、石头上，也可种植于水草泥中，温度过高时会停止生长，生长极为缓慢，种植难度高。

🌿 小香菇

野天胡荽	伞形目、五加科、天胡荽属	颜色分类	绿色
培育难度	中等	光照需求	中强光
适宜温度	10 ~ 25℃	pH 值	6.5 ~ 7.5

小香菇常见于花卉市场水培养殖，多利用匍匐茎扦插繁殖，在每年 3 ~ 5 月进行，非常容易成活，也可以播种繁殖。对水质要求不严，对肥料的需求量较多，生长旺盛阶段，需要定期添加液肥。旺盛生长期需要注意疏剪株丛以防黄叶。

🌿 小宝塔

小宝塔　唇形目、车前科、石龙尾属
颜色分类　黄绿色
培育难度　中等
光照需求　强光
适宜温度　22 ~ 28℃
pH 值　6.0 ~ 7.5

小宝塔水草颜色呈黄绿色，叶片以植物的主干为中心呈羽状。在不同的水质条件下均可生长，在适宜条件下生长速度极快，弱光条件中会出现追光现象，定时添加适量液肥，可以保证水草健康生长。

常用的后景草

🌿 绿宫廷

绿宫廷　桃金娘目、千屈菜科	颜色分类　红色
培育难度　简单	光照需求：简单
适宜温度　22 ~ 30℃	pH 值　5.5 ~ 7.2

　　绿宫廷是最早应用于水草造景的水草之一，非常适合新手栽培，易于栽培，生长初期嫩芽是浅绿色的，需要一定的光照和二氧化碳的环境。叶片十字对叶，颜色青翠，对肥料的需求不高，在光线不足、缺乏肥料的情况下，也会出现追光现象。若想快速繁殖，将修剪下的茎秆部分直接扦插进水草泥中即可。

🌿 粉宫廷

粉宫廷　桃金娘目、千屈菜科	颜色分类　粉红色
培育难度　简单	光照需求　中光
适宜温度　22 ~ 28℃	pH 值　5.5 ~ 7.0

　　粉宫廷草对光照和肥料需求较多，强光环境下颜色才能艳丽，水质适应性较强，pH 值适应范围广，硬度略高，但在温度和 pH 值急速变化中会出现溶叶现象，且在弱酸性软水中才能保持艳丽的色彩。生长速度较为快速，时常需要进行修剪维护。

🌿 血红宫廷

血红宫廷　桃金娘目、千屈菜科	颜色分类　红色
培育难度　中等	光照需求　强光
适宜温度　22 ~ 28℃	pH 值　6.0 ~ 7.5

　　血红宫廷又称丹麦血红宫廷，是最艳丽的宫廷系列水草，是经过人工选育培育而来，宜栽种在水草泥中，碱性河沙容易导致烂根、黑茎。喜弱酸性软水，pH 值较低时，叶子会比较红。硬水易溶叶，缺乏铁肥易产生白化症。培育需"三强"环境——强光、强肥、强二氧化碳环境，可以生长迅速且发色艳丽，但需经常修剪，是常见的红色系水草之一。

🌿 小圆叶

小圆叶　桃金娘目、千屈菜科

培育难度　简单

适宜温度　22 ~ 30℃

颜色分类　绿色

光照需求　强光

pH 值　6.0 ~ 7.0

　　小圆叶在水草缸中栽培难度较低，pH 值适应范围广，喜好充足的光照条件，环境发生突然变化的情况下会停止生长。偶尔会出现因无法适应水质而发生叶片溃烂的情况。比较适合中、后景部分过渡，小区域定植后显得十分可爱。

🌿 小红梅

小红梅　桃金娘目、柳叶菜科

培育难度　中等

适宜温度　18 ~ 28℃

颜色分类　绿、红色

光照需求　中等

pH 值　6.0 ~ 7.2

　　小红梅是常使用的水草之一，细长叶相互对生，只要添加足够的二氧化碳和光照，在弱酸性水质可以健康成长并发色。但是从水上叶转水成为水下叶需较长时间，其水下叶片相对柔弱，在转水和养殖的过程当中需要精心照料。在低温环境中状态最佳，适合成片种植，发色后效果极佳。

🌿 簧藻

簧藻　泽泻目、水鳖科、水筛属

培育难度　中等

适宜温度　20 ~ 28℃

颜色分类　绿色

光照需求　中等

pH 值　5.5 ~ 6.5

　　簧藻为带状叶片，根状茎丛生，无叶柄，青绿色叶片，有明显或者不明显的褐色斑纹。健康的簧藻茂盛且靓丽，易于栽培，当直立茎长出之后，茎叶会长出水生根，并可以从水中吸收养分。簧藻是极为漂亮的中景水草，但其对水质和温度要求较高，碱性水质和温度超过 28℃ 会出现叶片溶化，常被用作"温度"检测植物。簧藻雌雄异体单性花长在由叶脉抽出的花梗上，为白色的水上花。

一缸一景一世界　从这本书爱上水景缸

🌿 水芹

水芹　伞形目、伞形科、水芹属
培育难度　简单
适宜温度　24 ~ 28℃

颜色分类　绿色
光照需求　中等
pH 值　6.5 ~ 7.2

　　水芹是最普遍的水生水草，其水中草具有深裂或全裂的互生羽状叶片，叶片颜色由浅黄绿色到深绿色不等，叶质柔软。在水中繁殖时可以从母叶的各个地方生长出子株，能够适应不同的水质条件，耐抗性极强，非常适合新手使用。培育和养护都很容易，适合种植在鱼卵胎生鱼类的缸体中。

🌿 西瓜对叶

西瓜对叶　唇形目、玄参科
培育难度　中等
适宜温度　18 ~ 28℃

颜色分类　绿色
光照需求　中强光
pH 值　6.0 ~ 8.0

　　西瓜对叶又名白纹对叶，是很有趣的水草之一，叶片对生，椭圆形，带有明显的类似西瓜皮似的淡黄色的纹路。水中叶略宽，很容易从主干生长出侧芽。对水质的适应性较强，可在软水和硬水中栽培。除了需要强光之外，适量的二氧化碳可以促进西瓜对叶的生长。

🌿 水罗兰

水罗兰　唇形目、爵床科、水蓑衣属
培育难度　简单
适宜温度　24 ~ 28℃

颜色分类　绿色
光照需求　中等
pH 值　6.5 ~ 7.5

　　水罗兰在水中栽培时，可以很快地适应水体环境，新长出的叶片呈羽状，新叶类似于菊花，即使在较差的水体环境中也可以正常生长。喜欢弱酸性至中性的水体环境，需要保证一定的光照，叶片才会呈嫩绿色。水罗兰也是非常适合新手的入门水草，适合后景种植，容易养护。

🌿 虎耳草

虎耳草	蔷薇目、虎耳草科、虎耳草属	颜色分类	黄绿色
培育难度	简单	光照需求	中等
适宜温度	18 ~ 28℃	pH 值	6.0 ~ 7.5

虎耳草的水上草给人一种坚硬厚实的感觉，茎有绒毛，叶十字对生，叶色翠绿，呈椭圆形。会散发特殊的臭味，因此很少发生虫害。转为水中草后，植物体的绒毛会奇迹般地完全消失，叶质变薄，呈黄绿色，褐色的叶脉酷似花纹。对水质、温度的适应能力较强，喜多肥，足肥时茎变粗，叶片变大，还有可能在水中开花，是少数可在水中开花的水草品种之一。

🌿 绿松尾

绿松尾	泽泻目、水鳖科	颜色分类	绿色
培育难度	简单	光照需求	中等
适宜温度	22 ~ 28℃	pH 值	5.0 ~ 7.5

绿松尾是完全在水中生长的水草，叶片细长，互生于茎上，叶片翠绿，在强光环境下会呈现淡黄色。姿态优雅，非常适合搭配种植红色系水草时使用，对比明显，更加能够衬托彩色系水草的艳丽。适合新手种植，喜爱弱酸性水质，在二氧化碳充足的稳定水质下，很容易展现最美的姿态。

🌿 红松尾

红松尾	桃金娘目、千屈菜科	颜色分类	绿，红色
培育难度	中等	光照需求	强光
适宜温度	18 ~ 28℃	pH 值	6.0 ~ 6.8

红松尾具有极细的叶片，是富有独特美感的水草之一。水上叶 8 ~ 10 枚针形轮生，呈绿色，叶质坚硬挺拔。在弱酸性软水条件下生长良好，会长出许多侧芽，形成具有众多分枝的群体。对水质变化适应力较差，若水质出现波动，容易生长不良。喜新水，但应避免换水产生过大的水质波动。在光照充足、二氧化碳和肥料丰富的适宜条件下，可以轻松培育出颜色极正的粉色水草，很适合新手种植。

❋ 宽叶太阳

宽叶太阳	禾本目、谷精草科	颜色分类	绿色
培育难度	困难	光照需求	中等
适宜温度	22 ~ 30℃	pH 值	5.0 ~ 6.8

宽叶太阳喜欢生长于弱酸性、低硬度的水中，对水质的突然变化相当敏感，如果水质条件不符合它的需求或水质无法经常保持稳定状态，容易逐渐死亡。

❋ 大红叶

大红叶	柳叶菜科、丁香蓼属	颜色分类	红色
培育难度	简单	光照需求	中强光
适宜温度	18 ~ 26℃	pH 值	6.5 ~ 7.5

大红叶的整体都呈现深红色，颜色极为出众，是水族市场常见的红色系水草之一，饲养简单，对水质要求不高，但需要明亮的光线和搭配二氧化碳，很容易就呈现艳丽的红色。值得一提的是，即使不种植在水草泥中也可使用莫丝胶粘贴于沉木之上，会有不一样的效果。

❋ 绿菊

绿菊	菊目、菊科	颜色分类	绿色
培育难度	中等	光照需求	中等
适宜温度	18 ~ 28℃	pH 值	6.0 ~ 7.2

绿菊具有鲜绿色至深绿色的羽状叶，作为最早被引进栽培的水草之一，一直饱受好评。在环境适宜的情况下叶片茂密，生长迅速，可以快速吸收大量的氮肥以及磷肥。绿菊适合新手种植，是基础的入门水草之一。

🌿 古巴叶底红

古巴叶底红　桃金娘目、柳叶菜科、丁香
　　　　　蓼属

颜色分类　红绿色

培育难度　中等

光照需求　中等

适宜温度　24 ~ 28℃

pH 值　6.2 ~ 6.8

古巴叶底红是非常漂亮的有茎类水草之一，喜欢肥量充足、二氧化碳浓度高的环境，初生的叶片颜色为嫩绿色。在光照和二氧化碳充足的弱酸性水质中，随着生长和光照时间的增长，叶片颜色会逐渐转变为粉红色至红色。叶片呈柳叶形，十字对生，在适宜条件下生长迅速，极为漂亮。

🌿 牛顿草

牛顿草　桃金娘目、千屈菜科

培育难度　中等

适宜温度　18 ~ 26℃

颜色分类　红绿色

光照需求　中等

pH 值　5.8 ~ 7.2

牛顿草别名十字牛顿，叶片呈梭形对生，茎节短小，水草叶片生长密集，有点类似于宫廷草，对水质变化比较敏感，喜欢弱酸性水质。在足量的光照、充足的二氧化碳和肥料条件下，顶部极易发色且生长迅速，需要不定时进行修剪维护。

🌿 绿太阳

绿太阳　禾本目、谷精草科

培育难度　稍难

适宜温度　18 ~ 28℃

颜色分类　绿色

光照需求　强光

pH 值　5.5 ~ 6.5

绿太阳水草茎部细长，叶片呈条状，轮生方式排列，靠近植物顶端的叶片密集且狭小。喜欢酸性软水，对水质要求颇高，对藻类十分敏感。密植群生效果极好，但植株过高或过密会导致底层的叶片大量脱落。需要时常修剪，再次扦插。

❁ 百叶草

百叶草　唇形目、唇形科

颜色分类　红绿色

培育难度　中等

光照需求　强光

适宜温度　22 ～ 28℃

pH 值　6.0 ～ 7.0

　　百叶草原产于东南亚，叶片呈线性轮生，在良好的水质、光照条件下，叶片纤细，叶底呈红色，喜欢强光照、高二氧化碳浓度的环境，缺肥会导致植物生长大量的气生根。

❁ 大水兰

大水兰　泽泻目、水鳖科

培育难度　简单

适宜温度　18 ～ 23℃

颜色分类　绿色

光照需求　中等

pH 值　6.5 ～ 7.5

　　大水兰生长迅速，可以适应大多数的水质环境，可以在沙石底床当中快速繁殖。大水兰随着缸体的高度生长，即水体越深，叶片越长，繁殖过程为走茎生长。栽培简单，在适宜的环境中，适量的添加养分和二氧化碳即可成景。

❁ 大莎草

大莎草　禾本目、莎草科

颜色分类　绿色

培育难度　中等

光照需求　中等

适宜温度　20 ～ 28℃

pH 值　6.0 ～ 7.0

　　大莎草叶片纤细且狭长，叶片具有一定硬度，长度可达 50cm 以上，在水中叶片会随水流漂动，身姿曼妙轻盈。在适宜的条件下，生长速度不逊色于水兰，可以通过走茎繁殖。喜欢酸性软水环境，添加二氧化碳和肥料后生长迅速，可以适应沙石底床，在种植时需要注意预留其生长空间。

🌿 泰国水剑

泰国水剑　禾本目、莎草科、莎草属
颜色分类　绿色
培育难度　中等
光照需求　中等
适宜温度　20 ~ 30℃　pH值　6.0 ~ 7.5

　　泰国水剑姿态优美，生长缓慢，喜爱缓慢水流、弱酸性软水、高二氧化碳浓度、根肥充足的环境，建议使用水草泥作为底床。能耐30℃的高温。水上草转水下比较困难，条件适宜可以直接转为水下叶，但必须为强光及高二氧化碳浓度环境，否则不容易成功。

🌿 红雨伞

红雨伞　虎耳草目、小二仙草科 、人鱼藻属　　　　颜色分类　红色
培育难度　中等　　　　　　　　　　　　　　　　光照需求　中等
适宜温度　18 ~ 28℃　　　　　　　　　　　　　pH值　5.0 ~ 7.5

　　红雨伞的叶片受栽培条件不同，叶片呈现不同的状态：在氮肥充足的情况下，叶片较宽，叶片边缘会有锯齿状；在氮肥缺少的情况下，叶片呈鱼骨状，锯齿明显。红雨伞通常单株直立生长，不易出现分支，喜欢强光和低温。充足的二氧化碳和液肥可以保证正常生长。在种植时，可以几株一起种植，形成层叠的效果。

🌿 红丁香

红丁香　桃金娘目、柳叶菜科
颜色分类　红色
培育难度　简单
光照需求　强光
适宜温度　18 ~ 28℃
pH值　5.5 ~ 7.5

　　红丁香对水质适应能力极强，在适宜的条件下叶片呈淡红至粉红色。在不良环境当中，叶片极易出现孔洞，是最常使用的红色系水草。若想展现其最佳的状态，需弱酸性软水、强光、二氧化碳充足的水质环境。

🌿 红蝴蝶

红蝴蝶　桃金娘目、千屈菜科
颜色分类　红色
培育难度　困难
光照需求　强光
适宜温度　22 ～ 28℃
pH 值　6.0 ～ 7.0

红蝴蝶作为相对难养的红色系水草，对水质的要求颇高。红蝴蝶对肥料和二氧化碳的需求极大，喜欢强光环境，偏软的水质会使叶片卷曲，呈现不良状态。

🌿 紫三角

紫三角　唇形目、车前科
颜色分类　粉紫色
培育难度　中等
光照需求　强光
适宜温度　20 ～ 28℃
pH 值　6.0 ～ 7.0

紫三角分布广泛，在国内也时常可见，因其水中叶呈现狭长三角形而得其名。紫三角根茎强壮，叶片呈长椭圆形，叶片边缘会有锯齿状。在生长初期叶片偶有白色，后逐渐转为淡红色。在不同环境下叶色表现也各有差异，从绿色到红色都有可能。在适宜水质和强光环境下展现的红色最为漂亮，叶片极密。紫三角喜欢肥料和高二氧化碳浓度的环境。

常用的
水榕类水草

🌿 迷你水榕

迷你水榕	泽泻目、天南星科、水榕芋属	颜色分类	绿色
培育难度	简单	光照需求	中等
适宜温度	22 ~ 28℃	pH 值	5.8 ~ 7.5

　　迷你水榕叶片呈近圆形或椭圆形，外形和小水榕一模一样，叶片大小跟一元硬币大小相仿，十分可爱，是最小的水榕类水草。迷你水榕对水质要求不高，在无二氧化碳添加的情况下也可以生存，对肥料和灯光的要求也不高，生长缓慢，非常适合新手养殖。可以绑缚在沉木或石头上。生长速度十分缓慢，过量的肥料或光照会使藻类在叶片表面生长。

🌿 小水榕

小水榕	泽泻目、天南星科、水榕芋属	颜色分类	绿色
培育难度	简单	光照需求	弱光
适宜温度	22 ~ 28℃	pH 值	5.5 ~ 7.5

　　小水榕叶片因与榕树叶相似而得名，在水中生长缓慢，也会在水中开出白色的花朵。转水过程中，部分叶片会发黑腐烂，需要及时修剪掉腐败部分。可以使用莫丝胶粘贴于石材或者沉木上定植，匍匐茎会攀附在沉木或石头表面生长固定，非常适合新手培育。小水榕虽然对水质要求不高，但是需要注意温度，当水温高于30℃时，会出现生长不良或者叶片溶叶的情况。

🌿 大水榕

大水榕	泽泻目、天南星科、水榕芋属	颜色分类	绿色
培育难度	简单	光照需求	中等
适宜温度	22 ~ 28℃	pH 值	6.0 ~ 7.5

　　大水榕叶片极大，常被放置于大型水族箱当中作为观赏植物，对水质要求不严，没有二氧化碳及弱光环境也可存活，过量光照会引起叶片表面生长藻类。在水中也可以开出白色花朵，生长速度缓慢。

🌿 黄金小水榕

黄金小水榕　泽泻目、天南星科
颜色分类　绿色、黄色
培育难度　简单
光照需求　中等
适宜温度　22 ~ 28℃
pH 值　6.0 ~ 7.5

　　黄金小水榕是由小水榕筛选培育而来的新品种，在水上环境会呈现金黄色，在水质良好的情况下叶片会呈黄绿色，叶片生长缓慢。强光下容易附着藻类，其颜色在水榕中较为靓丽，常常和小水榕搭配组合使用，培育方法和小水榕相同。

🌿 红虎睡莲

红虎睡莲　睡莲目、睡莲科、睡莲属
培育难度　中等
适宜温度　22 ~ 28℃

颜色分类　红色
光照需求　中等
pH 值　5.5 ~ 7.5

　　红虎睡莲常被称"红虎头"，叶片为红色，叶片呈卵圆形，有红褐色斑点，可沉于水中生长，为浮叶性水草。缸体温度在12℃以上可正常生长，不会出现季节性变化且会开出白色花朵。在水草造景当中常被作为中景草或者后景草使用，预先铺设基肥或后期追加根肥生长会更加健康。健康生长的虎头水草可展现其艳丽的颜色和飘逸性，十分漂亮，适合新手种植。

🌿 青虎睡莲

青虎睡莲　睡莲目、睡莲科、萍蓬草属
颜色分类　绿色
培育难度　中等
光照需求　中等
适宜温度　22 ~ 28℃
pH 值　5.5 ~ 7.5

　　青虎睡莲常被称为"青虎头"，和红虎睡莲基本相似，区别在于青虎睡莲为绿底褐斑，红虎睡莲为红底褐斑。青虎头叶片为青绿色，叶片呈卵圆形，有红褐色斑点，会开出白色莲花。种植条件和红虎头一样。

🌿 四色睡莲

四色睡莲　睡莲目、睡莲科、睡莲属
颜色分类　绿色、红褐色
培育难度　容易
光照需求　中等
适宜温度　20 ~ 30℃
pH 值　5.5 ~ 7.5

　　四色睡莲相比于红虎睡莲颜色更加独特，叶片具有丰富的色彩，并伴生有红褐色斑点，其老化叶片中央基部可产生不定芽，子株分离后可以独立生长。在种植此类水草时，预先铺设基肥或后期追加根肥且在强光环境下长势会比较好。

🌿 荷根

荷根　睡莲目、睡莲科、睡莲属
颜色分类　绿色
培育难度　容易
光照需求　强光
适宜温度　18 ~ 25℃
pH 值　6.0 ~ 7.2

　　荷根为常见的浮叶性水草，整体翠绿，叶片宽大，呈卵形半透明状。种植较为简单，可在沙质底床中生长，使用水草泥培育效果更佳。对肥料需求较大，培育方法和虎头睡莲相同，强光环境最佳，不易生长藻类，叶形飘逸，适合新手种植。

常用的
浮生类水草

一缸一景一世界　从这本书爱上水景缸

🌿 圆心萍

圆心萍　泽泻目、水鳖科、水味花属

颜色分类　绿色

培育难度　简单

光照需求　中等

适宜温度　18 ~ 28℃

pH 值　6.5 ~ 7.8

圆心萍是浮动的水生植物，广泛分布于世界各地，其对水质要求不高，生命力强，可以快速生长于各类湖泊、河流当中。通常浮萍的叶片对称，呈倒卵形、椭圆形或近圆形。常常被引用作湖泊和池塘的观赏性植物，也可种植于水族缸体当中。

🌿 水芙蓉

水芙蓉　泽泻目、天南星科、浮萍属

培育难度　简单

适宜温度　18 ~ 28℃

颜色分类　绿色

光照需求　中等

pH 值　6.5 ~ 7.8

水芙蓉又被称为"大藻"，根须发达，分布广泛，常见于我国南方水域、稻田，属多年生漂浮性植物，雌雄同株，繁殖迅速。光照过强或过弱均会影响植物生长，对肥料需求巨大，需要持续添加液肥。在水流缓慢的环境中生长良好，体型相对较大，适合大型缸体点缀使用。

🌿 满江红

满江红　槐叶萍目、满江红科、满江红属

培育难度　简单

适宜温度　8 ~ 35℃

颜色分类　绿色、红色

光照需求　中等

pH 值　6.0 ~ 7.2

满江红又称"红浮萍"或"红毛丹"，个体很小，呈三角形、菱形，生长迅速，常见于我国南方的池塘或水田当中。叶片中含有大量花青素，在秋冬时节因温度变化会呈现红色。满江红可用于制作家畜或鱼类饲料，繁殖速度极快，可在缸内做"圈养"，点缀部分效果极好。

🌿 肚兜萍

肚兜萍　槐叶萍目、槐叶萍科、槐叶萍属
培育难度　简单
适宜温度　18 ~ 28℃

颜色分类　绿色
光照需求　中等
pH 值　6.0 ~ 8.0

肚兜萍叶面平整，叶片呈椭圆形，叶面有凸起绒毛，形体姿态十分可爱，喜欢温度适中、无污染的水域环境，水流过强不利于其生长。可以净化水草缸中的水质，吸收多余的肥料。

🌿 槐叶萍

槐叶萍　槐叶萍目、槐叶萍科、槐叶萍属
颜色分类　绿色
培育难度　简单
光照需求　中等
适宜温度　18 ~ 28℃
pH 值　6.0 ~ 8.0

槐叶萍因其叶片形似槐树羽状叶而得名，叶片整体呈长椭圆形，漂浮于水面生长，常见于水田、池塘当中，可以适应各类水质环境，生长迅速，能够快速吸收和消耗水中的硝酸盐等有害物质。槐叶萍和肚兜萍直面感官略有相似，槐叶萍为平铺于水面，肚兜萍则为兜状。

常用的莫丝种类

🌿 大三角莫丝

大三角莫丝　灰藓目、灰藓科
培育难度　简单
适宜温度　15 ~ 28℃

颜色分类　绿色
光照需求　中等
pH 值　5.5 ~ 7.5

　　大三角莫丝叶片呈三角羽状，由上至下呈三角形。其叶片长度可以超过 15cm，在高温条件下叶片会发黄逐渐失去活力，水质过硬的情况下叶片会出现发黑情况。通常我们会将其捆绑在石材和木材等素材之上进行定植，相对其他莫丝需求光照较多，所有莫丝类水草在培育时都需要注意水温不要高于 28℃。当温度高于 28℃时莫丝类水草会出现停止生长，甚至发黄死亡的现象。

🌿 小三角莫丝

小三角莫丝　灰藓目、灰藓科
培育难度　简单
适宜温度　15 ~ 28℃

颜色分类　绿色
光照需求　中等
pH 值　5.0 ~ 7.5

　　小三角莫丝叶片具有质感，形似大三角莫丝，但是叶片更小，比较紧凑。喜欢弱酸性的水质，过高的温度会让叶片发黄至死亡，需要添加足量的二氧化碳来促进生长。

🌿 怪蕨莫丝

怪蕨莫丝　真蕨目、藤蕨科
培育难度　简单
适宜温度　15 ~ 27℃

颜色分类　绿色
光照需求　中等
pH 值　5.0 ~ 7.5

　　怪蕨莫丝实际上为蕨类植物，一种非常特殊的原叶体水草。叶片呈椭圆形片状，有点类似于地钱苔藓（地衣），极难观察到不定根。叶片呈绿色透明状，用手触摸可以感到明显的塑料感，生长速度较慢，无须添加二氧化碳也可以正常生长。

🌿 火焰莫丝

火焰莫丝　灰藓目、灰藓科	颜色分类　绿色
培育难度　简单	光照需求　中等
适宜温度　22 ~ 30℃	pH值　5.5 ~ 7.5

火焰莫丝同其他种类莫丝不同，植物叶片直立生长，叶片密集，外观形似火焰，故而得名。对温度、光照和水质的适应性较广，极为容易种植。经常被应用于水草造景中留白或消失点的制作，喜欢干净、流动的水流。

🌿 垂泪莫丝

垂泪莫丝　灰藓目、灰藓科	颜色分类　绿色
培育难度　简单	光照需求　中等
适宜温度　18 ~ 23℃	pH值　5.5 ~ 8.0

垂泪莫丝又称为"珍珠"三角莫丝，叶片纤细，外观与大三角莫丝相似，但是叶片更为修长，因独特的泪滴状茎叶而得名。正常的垂泪莫丝会向下匍匐贴地生长，生长速度较为缓慢。对水质和光线要求不高，但对光线较为敏感，强光会影响其生长速度。可以定植捆绑或者使用莫丝胶植于沉木、石头表面等。

🌿 翡翠莫丝

翡翠莫丝　变齿藓目、水藓科
颜色分类　绿色
培育难度　简单
光照需求　中等
适宜温度　10 ~ 28℃　　　pH值　5.5 ~ 7.0

翡翠莫丝叶片呈羽状，翠绿色的叶片让人印象深刻。喜欢弱酸性软水，过高的水温会导致叶片发黄死亡，相对较为耐受低温环境，即使不添加二氧化碳也可以生长，但是添加二氧化碳形态会更加美丽。生长速度相对较快，底部下层由于光照不足会出现发黄的现象，需要定期修剪打薄。

美国凤尾苔

美国凤尾苔　凤尾藓目、凤尾藓科	颜色分类　绿色
培育难度　简单	光照需求　中等
适宜温度　15～30℃	pH 值　5.0～8.0

　　凤尾苔原产于美国和墨西哥，多年生植物，叶片丛生呈羽状，像凤凰的羽毛。叶片细腻呈现翠绿色，喜欢弱酸性水质环境，对光线要求不高，没有二氧化碳也可以正常生长，不过生长速度会较慢。对水质要求较高，需在清澈的水质中生长，水质太硬会导致叶片发黑，在过高的水温下，叶片也会发黄死亡。

圣诞莫丝

圣诞莫丝　灰藓目、灰藓科	颜色分类　绿色
培育难度　简单	光照需求　中等
适宜温度　15～28℃	pH 值　5.0～8.0

　　圣诞莫丝，叶片致密，叶呈三角形，有点类似于圣诞树，故称为圣诞莫丝。圣诞莫丝与三角莫丝相似，但相比于小三角莫丝叶片更小。在水质良好的情况下叶片呈亮绿色，长时间生长会覆盖底层叶片，需要经常修剪。

松茸莫丝

松茸莫丝　灰藓目、灰藓科	颜色分类　绿色
培育难度　简单	光照需求　弱光
适宜温度　18～24℃	pH 值　5.5～7.5

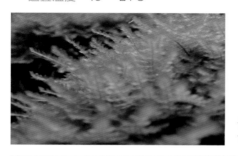

　　松茸莫丝外观叶形独立，但是叶片短小，生长时会层层叠加，向外辐射状，需要经常修剪，可以耐受 28℃左右的高温。

珊瑚莫丝

珊瑚莫丝　叉苔目、绿片苔
培育难度　中等
适宜温度　18 ～ 28℃

颜色分类　绿色
光照需求　中等
pH 值　5.5 ～ 7.5

　　珊瑚莫丝叶片呈鹿角状，外观极像珊瑚，故被称为"珊瑚"莫丝，颜色呈深绿色。在水质良好的情况下呈亮绿色，叶片会层层叠加生长，层次感极强，对水质要求不高，适应性极强，温度不超过 30℃即可。通常在水草造景当中被种植于水景缸的中上层，适合新手种植。

爪哇莫丝

爪哇莫丝　灰藓目、灰藓科
培育难度　简单
适宜温度　22 ～ 29℃

颜色分类　绿色
光照需求　中等
pH 值　5.8 ～ 7.5

　　爪哇莫丝因为采集于爪哇岛而得名。枝条稀疏，茎细小，主干和侧干近似直角，绿色卵形叶片，生长形态不定型，需要定期修剪，常被应用于自然水草造景当中，多被捆绑于沉木和石头表面，适应能力极强，可以快速生长。

鹿角苔

鹿角苔　地钱目、钱苔科、钱苔属
培育难度　简单
适宜温度　15 ～ 30℃

颜色分类　黄绿色
光照需求　中等
pH 值　6.0 ～ 8.0

　　鹿角苔是一种分布广泛、生命力极强的漂浮性水草，对水质要求不高，一点儿鹿角苔碎屑于漂浮水面，只要保持良好的光照，很快就会形成大团的鹿角苔。强光、足肥、充足的二氧化碳可形成气泡海的壮观景象。由于没有根部，必须使用细网或丝线固定在沉木、石头、钢丝网上。采取斜角方式修剪，避免破坏叶端生长点，以分叶的方式繁殖。

🌿 大伞苔

大伞苔　真藓目、真苔科、大叶藓属
培育难度　中等
适宜温度　22～26℃

颜色分类　翠绿色
光照需求　中等
pH值　5.0～7.0

　　大伞苔俗称"翡翠莲花"或"暖地大叶藓"，分布广泛，长江流域以南山林地带较多，常被用于中药材制作。体小而形大，翠绿色，呈现伞状、莲花状，茎横生，匍匐伸展。形态美丽，经过裁剪后，可种植于景观缸体之中。种植时对养分需求不高，但必须供给充足的二氧化碳，有一定的种植难度。

🌿 丝叶狸藻

丝叶狸藻　唇形目、狸藻科、狸藻属
培育难度　简单
适宜温度　22～30℃

颜色分类　黄绿色
光照需求　中等
pH值　6.5～7.2

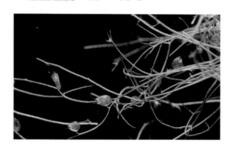

　　丝叶狸藻实际为食虫性水生植物，无根，线状，漂浮于缸体之内。茎极细，茎分布有卵形半透明状捕虫囊，可在水面开出淡黄色小型花朵。基本都是附着于水草入侵缸体，因其为植物，所以难以使用药剂去除。遇到狸藻入侵的情况颇让广大水族玩家头疼，只能手动清除，所以在购买水草时需要仔细观察或进行检疫。

常用的
苔藓种类

🌿 白发藓

白发藓　曲尾藓目、白发藓科
颜色分类　绿色
培育难度　简单
光照需求　中等，散射光最佳
适宜温度　22 ～ 28℃

　　白发藓常见于阔叶林下，在古代就有入药的
用途。白发藓我们可以理解为"白发藓类苔藓"，
白发藓的种类有很多种，在各地都有分布。新鲜
的白发藓呈亮绿色，叶片呈鞘状，叶密生。需要
保持一定湿度闷养，保存时需将苔藓风干，使用
前可以将白发藓浸泡于水中再使用。白发藓相对
来说既耐干又耐湿，属于容易养护的一类苔藓。
在养殖时要注意避免阳光直射，散射光为最佳，
闷养环境下要定时通风，避免真菌滋生。

🌿 大羽藓

大羽藓　灰藓目、羽藓科
颜色分类　绿色
培育难度　简单
光照需求　中等，半阴或散射光最佳
适宜温度　20 ～ 22℃

　　大羽藓叶片呈羽状分裂，植物体交织分布，
叶片颜色呈鲜绿色，生长于岩石、林地的湿润土
壤表面，作为雨林缸沉木附着苔藓或者背景植物
使用效果颇佳，也可制作苔玉使用。

🌿 尖叶匐灯藓

尖叶匐灯藓　真藓目、提灯藓科
颜色分类　翠绿色
培育难度　简单
光照需求　中等
适宜温度　10 ~ 22℃

　　尖叶匐灯藓，叶片呈串珠状。过于潮湿的环境会导致植物体表面滋生蓝绿藻，喜潮湿、有光直射的环境，常作为雨林缸的背景苔藓之一，也用作空气净化植物。

🌿 大灰藓

大灰藓　灰藓科、灰藓属
颜色分类　绿色
培育难度　简单
光照需求　中等，散射光最佳
适宜温度　15 ~ 28℃

　　大灰藓叶片柔软，植物体形大，黄绿色或绿色，有时带褐色，茎匐匐，长达 10cm，具有绒毛，耐受性非常好，生存能力强，在苔藓中属于比较耐旱的品种。干枯时会呈现黄褐色，喷水后养一段时间又会恢复。大灰藓有良好的保水能力，用大灰藓铺设盆土表面，还可以防止浇水时泥水喷溅的作用，是园艺当中应用最频繁的品种，适合在庭院种植和制作苔玉使用。

如何
选购水草

在花鸟市场只售卖观赏鱼的店铺，基本都有水草出售，尽量选择专业售卖水族器材的店铺或者专门售卖水草的店铺进行购买。那么，面对琳琅满目的水草种类我们应该如何挑选呢？

购买目的明确

在造景完成之后，根据预想列出需要进行购买的水草种类，在挑选时可以进行着重观察。因为水草店铺售卖种类过多，所以应避免难以抉择的情况产生。

观察水草囤放情况

购买水草时随时观察店铺内的水草囤放情况是否良好。若水质不好，购买的水草会出现不同的病症，影响成活率。

一缸一景一世界 从这本书爱上水景缸

挑选全品

在挑选水草时需要观察叶片是否健康，有没有缺损，是否健壮，是否有腐烂、折断等情况，尽量挑选全品、健康的水草。

优先选择水下叶

在购买时大部分水草为水上繁育，移植到店铺的水族箱内有一定的死亡率，尽量选择水下叶更适合直接使用，成活率高且可以迅速适应新的缸体环境。可以通过观察叶片形态和是否有新生长出的根系来判定。

观察有无藻类和螺卵

观察叶片表面是否有藻类和寄生螺卵，避免造成螺类泛滥成灾。

检疫消毒

新购买的水草不放心直接使用，在种植前可以进行检疫和消毒，可以使用除藻剂进行消杀，也可以使用高锰酸钾和甲基蓝进行消毒。高锰酸钾 5g 稀释 5kg 水浸泡 10 分钟后用清水清洗或甲基蓝 5g 稀释 10kg 水浸泡 10 分钟后用清水进行清洗，就可以进行种植了。

修剪

在种植之前要将不健康的叶片、茎和根系修剪掉，再进行种植，长出的叶片会更加健康。

可以选择无菌组培育的水草

此类水草种类暂时不多，但都是无菌培育而来，不过价格略高。

注：若是附近没有专业售卖水草的店铺，可以通过网络购买

第六章
水景缸常用生物有哪些

当我们的景观缸体制作完成后，最令人激动的时刻就是放置鱼虾了。水族景观不应该当成一幅静态的画面，应该是动态的"生物圈"。观赏鱼不仅可以点缀景观，增加缸体景观的灵动性，也可以增加生机和观赏性，更可以参与整个景观缸体的生物循环。没有观赏鱼的水族景观是不完全的水族箱。那么我们该如何合理地选择观赏生物呢？

几乎所有的玩家都喜欢在水族箱中饲养种类繁多、数目繁多的观赏鱼。这是不正确的饲养方式，过多的鱼类会对我们的水族箱造成过大的负荷，具体表现为：水体发臭、藻类横生、水草状态不佳、鱼虾死亡等。所以，水族箱里饲养鱼的数量是有一个极限的。

合理的鱼类搭配和数量才能让我们的水族箱更长久地美丽下去。经过前人的不断总结，得出了一个缸体饲养鱼类的一般公式：1:1 即 1L 水饲养一条 1cm 长的鱼（例如长 60cm、宽 30cm、高 36cm 的缸体水体容量约为 60L，那么我们可以饲养小型观赏鱼数量最多为 60 条，可以稍微多一点儿），这个比例可以作为水族箱饲养观赏鱼数目的参考。其次，选择的观赏鱼种类是否可以和平共处也是我们需要考虑的重点。

观赏鱼的选择

　　合适的缸选择合适的观赏鱼，也可以说"合适的水质选择合适的鱼种"。在此，我们主要介绍水族景观缸的观赏鱼种选择。每个地区的自来水水质可能会存在非常大的差异，和当地的地质、地面水的水质以及自来水处理厂的处理水的方式有密切关系。有些地区水质偏中性，有些则是碱性。如果能尽量挑选适应当地水质的观赏鱼来饲养，则可以省掉很多调整水质的麻烦。水草的原生环境多是偏酸性的软化水质，所以，我们的水景缸水质也多是打造成弱酸性和中性水质。

一般来说，北方水质多是碱性水质，硬度偏高，南方则是弱酸性的软性水质。若是北方地区的玩家，可以使用净水机或使用软水树脂将自来水的硬度降低，再加入一些水质调整剂或矿物质添加剂将水质调成适合水草生长的软水水质；相反，把软水变成硬水相对简单得多。如果在南方饲养生活在碱性硬水中的非洲三湖慈鲷鱼，除了需要在缸中或过滤器中放置一些珊瑚砂来提升水中硬度外，还需要在缸内添加贝壳沙来调整水质。因为，我们的景观缸体以种殖水草为主，所以更适合饲养喜欢弱酸性水质的观赏鱼。

　　综上所述，我们选择的观赏鱼要具备以下几点：
　　1. 适合中性、弱酸性的软性水质。
　　2. 具有一定的观赏性。
　　3. 性格温顺，不具有攻击性。
　　4. 不可啃食水草。
　　5. 不会翻动底床泥土。
　　6. 水景缸都是微缩的景观，所以观赏鱼的体型不要太大，体型越小越好，尽量控制在 6cm 以内。
　　7. 混合饲养时尽量选择不同水层的鱼类。

　　根据以上几点筛选出比较适合我们水景缸的观赏鱼即可，而这类观赏鱼以"灯科鱼"为主，所以，水景缸饲养的鱼类被我们泛称为"灯科鱼"。

灯科鱼

灯科鱼颜色艳丽，体型优美，极具观赏价值。一般认为包括部分加拉辛科、脂鲤科、鲤科、银汉鱼科甚至鳉鱼科的鱼种，绝大多数体长在 2 ~ 6cm 之间。灯科鱼种类繁多，是热带观赏鱼中数量最多的一种。大部分体型娇小，性情温顺，为了抵御其他鱼种的攻击而具有群游、群栖的特性。

灯科鱼体色绚丽多彩，尤其身上的红光、蓝光、绿光和橙光，可以反射出闪烁的光芒，被誉为"会游泳的宝石"。成群结队的灯科鱼，群游于水草之间，加上明亮的灯光，更显示出灯科鱼异于其他鱼类的美感，是我们水景缸中最重要的观赏鱼类。

水景缸里可选的观赏鱼种类繁多，在这里介绍一些常见的适合水族造景的观赏鱼种。

一缸一景一世界　从这本书爱上水景缸

红绿灯鱼

中文学名　霓虹脂鲤　　　　　　　　　　　　　　　　科别　加拉辛科

分布　巴西、哥伦比亚、委内瑞拉境内流速缓慢的河流里　　水质　弱酸性软水

温度　21 ~ 28℃

习性　性情温和，喜群居，可与其他小型热带鱼混养

食性　杂食性，干饲料（饲料片），尤其喜爱水蚤、线虫等活饵

　　红绿灯鱼，别名"红莲灯鱼""红绿霓虹灯鱼""日光灯鱼"等，原产于南美洲亚马孙河上游，是常见的灯科鱼之一。体型娇小，鱼鳍均不大且透明，背鳍位于背中部，臀鳍延长至尾柄后方。全身笼罩青红色，光彩夺目。头至尾部贯穿明亮的蓝红霓虹色带，下方尾部有短的红色带。不同光线下，色带颜色时深时浅，腹部银白色。

饲养要点

　　红绿灯鱼适应能力较强，饲养难度不高，喜弱酸性软水、光线偏暗的安静环境，喜食活饵。生性胆小，可与习性相近的小鱼混养。喜游动于中下层水域，缸内密植水草最佳，有群游习性，但不十分明显，至少饲养 10 条且不可与大鱼混养，仅适合与小型鱼混养。不宜一次性换水过多，1/3 最好，温度不宜波动过大，否则易患白点病。

宝莲灯鱼

中文学名　阿氏霓虹脂鲤　　　　　　　　　　　　　　科别　加拉辛科

分布　巴西、哥伦比亚、委内瑞拉境内流速缓慢的河流里

温度　23 ~ 28℃　　　　　　　　　　　　　　　　　水质　弱酸性软水

习性　性情温和，喜群居，可与其他小型热带鱼混养

食性　杂食性，干饲料（饲料片），尤其喜爱水蚤、线虫等活饵

　　宝莲灯鱼和红绿灯鱼作比较，在色彩、生活习性方面都非常相似，但体形略大于红绿灯鱼，而且贯穿鱼体的蓝色荧光水平带较红绿灯鱼宽且色泽更为鲜艳，腹部的红色也几乎覆盖了整个下半身。

饲养要点

　　宝莲灯鱼属于中下层鱼，喜爱群居，至少需要 10 条以上同时饲养。温度应保持在22 ~ 28℃，最适宜温度为 24℃，水质要求为弱酸性。换水不需要过勤，裸缸饲养 3 ~ 5 日换水一次即可，注意水体温度不可波动过大。水草缸为最佳饲养环境，水草可以创造幽静的环境和躲藏空间，每周换水 1/3 即可。喂食可投喂饲料或者红虫，可以使鱼体色更艳丽。

喷火灯鱼

中文学名　爱鲇脂鲤
分布　秘鲁，亚马孙河流域
温度　24 ~ 29℃
习性　性情温和，可群居，也可单独饲养或与其他小型热带鱼混养
食性　杂食性，干饲料（饲料片），尤其喜爱水蚤、线虫等活饵

科别　加拉辛科
水质　弱酸性软水

喷火灯鱼体长约 2cm，侧体呈菱形，是所有灯科鱼里体型偏小但颜色艳丽的一种观赏鱼类。喷火灯鱼的颜色为通身的深橘色，肌肉透明，可见骨骼，腹腔部分被反光物质包裹，但同样覆盖以红色，视觉上呈现金色。

喷火灯鱼的雄鱼在背鳍上有一个黑斑，雌鱼则不甚明显。此外喷火灯鱼有一个变异种，通身红色消退，呈铜黄色，只有尾鳍还保留红色，称为"焰尾喷火灯鱼"，是非常难得的个体。

饲养要点

喷火灯鱼属于中层鱼类，非常适合水草缸饲养。来源主要为人工繁育，所以适应水体能力很强。适宜饲养温度为 22 ~ 29℃，最佳饲养环境为弱酸性软水，个性温顺且胆大，易于观赏，饲养难度并不高，可以进行大规模混养。

斑马鱼

中文学名　斑马鱼
分布　印度，孟加拉国
温度　21 ~ 28℃
习性　性情活泼，喜群居，也可单独饲养或与其他小型热带鱼混养
食性　杂食性，干饲料（饲料片），尤其喜爱水蚤、线虫等活饵

科别　鲤科
水质　中性软水

斑马鱼成体 4 ~ 6cm，呈长纺锤形，头小稍尖，吻较短，胸腹较圆，尾部侧扁，尾鳍长，颜色黄色，透明而呈叉形。

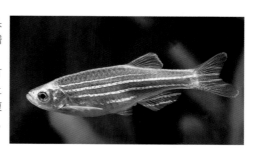

斑马鱼的品种有 10 余种，斑条纹有多有少、有宽有窄，有的成点状，也有的在鳍形上产生变异，如长鳍斑马鱼，其尾鳍、臀鳍、腹鳍宽且长，似一簇黄色的尼龙绸带在身后荡漾，非常漂亮。常见的有蓝斑马、红斑马两种。

饲养要点

斑马鱼对水质要求不严，适应能力较强，饲养容易。食性杂，动物性饵料、干饲料都肯摄食，性情温和，活泼友好，爱结群游泳，宜群养，适合水景缸与小型灯鱼混养。

三角灯鱼

中文学名　三角波鱼属

分布　马来半岛

温度　24 ~ 28℃

习性　性情温和，可群居，也可与其他小型热带鱼混养

食性　杂食性，干饲料，尤其喜爱水蚤、线虫等活饵

科别　鲤科

水质　弱酸性软水

三角灯鱼体长 2.0 ~ 3.5cm，鱼体呈较扁的纺锤形，基色及眼睛呈橘黄色。尾鳍呈叉形，背鳍、腹鳍、臀鳍、尾鳍均呈半透明，体侧三角图案边缘镶嵌金橘色外边。大部分鱼体包括鱼眼都呈现橘红色，鱼体中部至尾部有一块黑色镰刀形三角图案，游动时会反射出蓝色光芒。喜爱群游，大群聚集，场面非常壮观，美丽且显眼的金色十分招人喜爱。

饲养要点

三角灯鱼属于中层鱼类，非常适合水景缸饲养。适宜饲养温度为 24 ~ 28℃，饲养比较容易，繁殖难度较大，性格温和，可进行混养，在 pH 值 5 ~ 6 的水质环境中，其体色更艳丽。

小丑灯鱼

中文学名　小丑灯鱼

分布　马来半岛

温度　23 ~ 28℃

习性　性情温和，可群居，也可与其他小型热带鱼混养

食性　杂食性，干饲料，喜爱水蚤、线虫等活饵

科别：鲤科

水质　弱酸性软水

小丑灯鱼包含：小丑灯鱼、玫瑰小丑灯鱼、一线小丑灯鱼、圆点小丑灯鱼、黄金小丑灯鱼、红小丑灯鱼。其中人气最高的是俗称"蚂蚁灯"的玫瑰小丑灯鱼，是已知体型最小的灯鱼，成年体型不超过 2cm。产自东南亚，性情温和，饲养简单，是迷你水景观的绝佳搭配。

饲养要点

迷你娇小的小丑灯鱼，性情温和，喜欢群游，是迷你水族箱的最佳搭配，需要酸性软水饲养。温度控制在 23 ~ 28℃很容易饲养，适应新环境水质后，活泼好动，也可与其他小型观赏鱼类混合饲养，观赏力极强。

红鼻剪刀鱼

中文学名　红鼻剪刀鱼

分布　巴西，委内瑞拉

温度　22 ~ 28℃

习性　性情温和，喜群居，也可与其他小型热带鱼混养

食性　杂食性，干饲料，尤其喜爱水蚤、线虫等活饵

饲养难度　中等

科别　脂鲤科

水质　弱酸性软水

　　红鼻剪刀鱼 1924 年被发现并命名，尾鳍基部上下方均有黑斑，酒红色延伸最多至鳃部，体轴后半部有黑色纵纹。群游效果极佳，尾鳍有与剪刀相似的黑白条纹，因此得名。头部红色，吻部鲜红，全身银白色，近似透明。当水质、水温不适，鱼不健康或受到惊吓时，吻部的红色会变淡，尾鳍有 3 条黑色条纹、4 条白色条纹。

饲养要点

　　红鼻剪刀鱼是水景缸最受欢迎的鱼种之一，其饲养容易，身体强壮，性情温和，喜群居，可与同体型、同性格的小型鱼混养。建议 5 条以上饲养在有躲避区域的草缸中，否则会承受寂寞和压力，蜷缩在角落。水质 pH 值不宜波动过大，非常适合成群饲养。

柠檬灯鱼

中文学名　柠檬灯鱼

分布　巴西

温度　23 ~ 27℃

习性　性情温和，喜群居，也可其他小型热带鱼混养

食性　杂食性，干饲料，尤其喜爱水蚤、线虫等活饵

科别　脂鲤科

水质　弱酸性软水

　　柠檬灯鱼鱼体呈柠檬黄色，背鳍透明，前端为鲜亮的柠檬黄色，边缘有黑色的密条纹。臀鳍透明，边缘为黑色，前面几根鳍条组成小片明显的柠檬黄色，因而获得"柠檬灯鱼"或"柠檬翅鱼"的美称。群游的柠檬灯鱼与茂盛的水草、明亮的灯光搭配，会突显其异于其他鱼种的美感。

饲养要点

　　自来水大多是中性的，饲养柠檬灯鱼时可把水的 pH 值调到 6.0 ~ 6.5，并搭配水草景观，这种环境对柠檬灯鱼生长有利。需要每周定期换水，每次换水量不能超过原水体的 1/3。

白云金丝鱼

中文学名　唐鱼　　　　　　　　　　　　　科别　亚洲鲤科
分布　中国广东和海南　　　　　　　　　　水质　中性软水
温度　22 ~ 27℃
习性　性情温和，喜群居，也可与其他小型热带鱼混养
食性　杂食性，干饲料，尤其喜爱水蚤、线虫等活饵

　　白云金丝鱼体形细小，鱼体呈梭形，长而侧扁，腹部圆而短，眼大，口上位，口裂向下倾斜，背鳍较短，臀鳍与背鳍相对，尾鳍叉形，末端尖，上下叶等长。体侧从鳃孔至尾柄基部有一条金黄色条纹，条纹旁有黑色线条。尾柄基部有红色圆斑，背鳍和臀鳍有荧光白边。体色背部褐中带蓝，腹部银白。背鳍与尾鳍鲜红色，其余鳍透明。变异种"七彩白云金丝鱼"，长鳍金丝更加美丽。

饲养要点

　　白云金丝鱼是中国原生鱼的代表之一，适应能力较强，饲养简单，食性杂，以浮游生物和腐殖质为主，也可食人工饲料，能耐受5℃左右低温。建议不要尝试极限环境饲养。虽不算格外艳丽，但清丽淡雅的色彩及闪亮的荧光带极具特色。性情温顺活泼，宜混养，深受鱼友喜爱，可以说是最漂亮的中国原生鱼之一。

电光美人鱼

中文学名　薄唇虹银汉鱼　　　　　　　　　科别　银汉鱼科
分布　澳大利亚　　　　　　　　　　　　　水质　中性软水
温度　22 ~ 28℃
习性　性情温和，也可与其他热带鱼混养
食性　杂食，喜爱水蚤、线虫等活饵

　　电光美人鱼成体5 ~ 6cm，周边呈现半透明状的红色，光线照射下犹如泛着红光的蓝色幽灵。灵敏地游动时，恰如一道一道电光，美得让人无法呼吸。鱼体呈纺锤形，背鳍、臀鳍上下对称，呈等宽的条形。体色淡黄绿色，体侧有数条点状粉红色纵线。鳃盖上有一个红色圆斑，背鳍、臀鳍鲜红色，尾鳍淡红色。

饲养要点

　　电光美人鱼适应能力较强，不喜强光，喜弱碱性偏硬、pH值6.5 ~ 7.5，不挑食，喜活饵，如丰年虾、水蚤、丝蚯蚓等，但需注意活饵的清洁度，是否带有传染性疾病等。投喂人工饲料也可，比较适合在石材居多的水景缸体中饲养。

石美人鱼

中文学名　石美人鱼　　　　　　　　　科别　银汉鱼科
分布　新几内亚　　　　　　　　　　　水质　中性硬水
温度　21 ~ 28℃　　　　　　　　　　习性　性情温和，可混养
食性　食性杂，偏爱小型活饵

石美人鱼，俗称"美人鱼"，鱼体呈卵圆形、侧扁，背鳍分为前后两个，背鳍、臀鳍上下对称，鳍条低矮、等宽、带状。全身青绿色，背鳍、臀鳍、尾鳍有黑色边缘。属彩虹鱼系列中体色较不艳丽的品种，因前半身的蓝色与后半身的橙色搭配而备受欢迎，色彩可随光线及环境的变化呈粉红色、淡黄色、浅紫色或银白色。

饲养要点

石美人鱼对水质要求不高，性情温和，体健易饲养，适合草缸群养、混养，食性杂，偏爱小型活饵，喂食可改善体色的饲料可以促进其体色更加艳丽。繁殖比较容易，繁殖水温 27 ~ 28℃，属水草卵石生鱼类。

樱桃灯鱼

中文学名　樱桃无须鱿　　　　　　　　科别　鲤科
分布　斯里兰卡　　　　　　　　　　　水质　弱酸软水
温度　21 ~ 28℃
习性　性情胆小，温和，可与其他热带鱼混养
食性　杂食，喜爱水蚤、线虫等活饵

樱桃灯鱼成体 3.5 ~ 4.5cm，鱼体呈纺锤形，稍侧扁，尾鳍呈叉形，从头的前端起至尾柄基部有一条两边呈锯齿状的黑色纵向条纹。淡淡的玫瑰红色调遍布全身。发情时婚姻色更加鲜红，如樱桃花般灿烂，穿梭于水草丛中，十分美丽，让许多鱼友爱不释手。

饲养要点

樱桃灯鱼对水质要求不苛刻，较易饲养。
雄鱼有互相排斥的习惯，但不互相攻击，两条雄鱼会各自旋转，并增加婚姻色，显示自己的美丽，取得雌鱼的好感。
樱桃灯鱼食性杂，不挑食，喜食活饵，胆小，声音过大便躲藏起来，是很有趣的鱼种。

黑莲灯鱼

中文学名　黑莲灯
分布　亚马孙河下游
温度　22 ~ 28℃
习性　温和，喜群居群游，可与其他热带鱼混养
食性　杂食

科别　脂鲤科
水质　弱酸软水

　　黑莲灯鱼成体 4cm 左右，鱼体侧扁，鱼体呈纺锤形，体侧的黑色带与银色荧光色带贯穿全身。背部有脂鳍，头和尾柄较宽。臀鳍很特别，呈连贯的带状。两尾雄鱼打架时，其黑色霓虹纵带会延伸到整个尾部，甚至到达部分臀鳍。其小巧玲珑、色彩艳丽、晶莹剔透，混养时显得格调高雅、出类拔萃。

饲养要点

　　黑莲灯多数为东南亚大规模繁殖而来，适应能力较强，性情温和，有些许领地意识。喜清澈稳定的弱酸性软水，一次换水量不宜过多。游动敏捷，喜欢群居，可与温和的热带鱼混养。饲养缸体中宜多种植水草。黑莲灯鱼食性杂，常更换投喂品种可有效避免其挑食。

企鹅灯鱼

中文学名　企鹅灯鱼
分布　亚马孙河流域
温度　22 ~ 28℃
习性　温和，喜群居群游，可与其他热带鱼混养
食性　杂食

科别　脂鲤科
水质　弱酸软水

　　企鹅灯鱼成体 7cm 左右，鱼体呈纺锤形，体侧扁，吻圆钝，尾鳍叉形。鱼背橄榄绿，至腹部逐渐过渡为银色。鳃盖后部开始有一道明显的黑色横纹贯穿，向下延伸至尾鳍下半叶。尾鳍下半叶有一道白边。鳞片闪着绿银色，游动时头部向上 30° 左右，各鱼鳍自然舒展，游动灵敏、活跃、迅速。

饲养要点

　　企鹅灯鱼寿命可达 4.5 年，体型可达 7cm。最佳饲养环境为水草种植缸，性格温顺、喜群游，可混养，是非常理想的草缸观赏鱼，但成体较大的企鹅灯鱼脾气会略显凶暴。
　　企鹅灯鱼食性杂，可投喂血虫、水蚯蚓、小颗粒人工饲料等。

帝王灯鱼

中文学名　巴氏丝尾脂鲤　　　　　　科别　脂鲤科
分布　亚马孙河流域　　　　　　　　水质　弱酸软水
温度　22 ~ 28℃
习性　相对凶猛强悍，可与其他小型灯科鱼混养
食性　杂食，饲料，喜爱水蚤、线虫等活饵

帝王灯鱼最大体长可达 4 ~ 5cm，属于
顶层鱼类。雄鱼的尾巴上下缘和中间会向回延
伸并突出尾部，成熟雄鱼的臀鳍边缘镶有很显
眼的金黄色，眼睛偏冷蓝色，而雌鱼则没有明
显的尾部突出部分且眼睛偏黄绿色。雄鱼最大
体长约5cm，体形粗壮，是较为凶猛的大型
灯鱼品种。色彩富于变化，整体呈铅灰色，富
态、威猛、霸气，映衬于草缸中非常好看，有
帝王的气质，因此得名。

饲养要点

帝王灯鱼性情相对凶猛，强壮，但是也可与其他灯鱼品种鱼混养。对水质要求不严，建议
在密植的水草缸中饲养，领地意识很强，不仅本种之间争斗激烈，偶尔也会和周围的鱼类打架，
有时即使体型比它大的鱼它也敢于攻击。

珍珠燕子鱼

中文学名　格氏鰤银汉鱼　　　　　　科别　银汉鱼科
分布　澳大利亚　　　　　　　　　　水质　中性弱碱
温度　22 ~ 28℃
习性　温和，活泼，可混养
食性　水蚤、线虫等活饵

珍珠燕子鱼是燕子系列中最小的品种，
成鱼体长 2.5cm，生性活泼。黄金略带透明的
鱼体上散落着黑色斑点，如同草原上的黑珍珠
一般，是非常有魅力的燕子鱼品种。鱼体基色
黄色，略带透明，鱼鳍呈淡蓝的荧光色，布满
黑色小圆斑，头部有一道鲜红条纹，非常好识
别。

饲养要点

珍珠燕子鱼生性活泼，看似柔弱，其实饲养难度不高，可与灯鱼、孔雀鱼和鳉鱼等小型观
赏鱼混养。易跳缸，缸体最好加盖防护。喜中性至微碱性偏硬水质。建议密植水草，使其栖息
和躲藏，既增加了鱼缸观赏性，又增加了鱼儿的舒适感。

大帆月光灯鱼

中文学名　大帆月光灯
分布　南美洲湖泊
温度　20 ~ 28℃
习性　温和，可与其他小型灯科鱼混养
食性　杂食，饲料，喜爱水蚤、线虫等活饵

科别　脂鲤科
水质　弱酸

大帆月光灯鱼别名"高帆月光灯鱼"，原产于南美洲淡水河流湖泊。体长5 ~ 7cm，体态雅致，小巧玲珑，游姿飘逸婀娜，群游性好。发情期会成对互相展示体色，撑开鱼鳍，游姿多变，其鳞片闪闪发光，是很耐看而不过分妖艳的品种。

饲养要点

大帆月光鱼是当下最火的水景缸饲养鱼种，很容易饲养。对水温波动比较敏感，需注意春秋季的控温。草缸饲养，光影婆娑，妙趣横生。需要注意，大帆月光灯鱼成鱼性情较为暴躁，会咬伤其他鱼的鱼鳍。

霓虹燕子鱼

中文学名　叉尾鲻银汉鱼
分布　新几内亚
温度　22 ~ 28℃
习性　温和，群游，可与其他小型灯科鱼混养
食性　杂食，饲料，喜爱水蚤、线虫等活饵

科别　鲻银汉鱼科
水质　中性弱碱

霓虹燕子鱼国内俗称"新郎官"，成体最大可达5cm。霓虹燕子鱼无论颜色、体态、活跃程度都堪称完美。它有一对散发金属蓝色的眼睛，鱼体呈淡青色、半透明状，属于小型燕子鱼类，极为受欢迎。

饲养要点

霓虹燕子鱼性格十分温和，适合与其他习性温和的中、小型热带鱼类混养。喜中性至弱碱性老水，集群生活，时常集结于水域中上层空间，以动物性生饵为主食，对人工饵料也较易接受。

绿晶灯鱼

中文学名	库氏小波鱼	科别	鲤科
分布	泰国南部	水质	弱酸中性
温度	20 ~ 27℃		
习性	活泼，群游，可与其他小型灯科鱼混养		
食性	杂食，饲料，喜爱水蚤、线虫等活饵		

　　绿晶灯鱼不是很知名，但是它的另一个名字"蓝色霓虹"更为大家所知，属于上层鱼，体长 1.5 ~ 2.0cm，体型娇小，状态最佳时通体碧绿，背部会有金属蓝色的反光带，不过需要靠近才能看清，被誉为水下的"萤火虫"，水景缸饲养十分漂亮。

饲养要点

　　绿晶灯鱼体型娇小，性格活泼，喜欢追逐，对水质较为挑剔，喜清澈、稳定的弱酸性软水，一次换水量不宜过多。游动敏捷，喜欢群居，可与温和的热带鱼混养或群养。饲养的缸体中宜多种植水草，与红色灯科鱼搭配群养时非常漂亮。

刚果美人鱼

中文学名	刚果扯旗鱼	科别	脂鲤科
分布	刚果河流域	水质	弱酸中性
温度	21 ~ 28℃		
习性	温和，群养，可与其他小型灯科鱼混养		
食性	杂食，饲料，喜爱水蚤、线虫等活饵		

　　刚果美人鱼鱼体呈纺锤形，头小，眼大，口裂向上，体长可达 7 ~ 10cm。鳞片大，具金属光泽，在光线的映照下，绚丽多彩，非常美丽。背鳍高窄，腹鳍、臀鳍较大，尾鳍外缘平直，但外缘中央突出，体青色带金黄色。

饲养要点

　　刚果美人鱼是非常漂亮的水景缸鱼种，也是不多见的较大型的水景缸鱼种，喜弱酸性软水，水质清洁，属于十分强健且容易饲养的鱼种。

　　刚果美人鱼喜食活饵料，好群聚，宜群养，群游效果佳，为大型缸体的上佳选择，适合草缸造景。

孔雀鱼

中文学名　孔雀花鳉　　　　　　　　　　科别　花鳉科
分布　南、北美洲　　　　　　　　　　　水质　中性
温度　21 ~ 27℃
习性　活泼，温和，可与其他小型灯科鱼混养
食性　杂食，饲料，喜爱水蚤、线虫等活饵

　　孔雀鱼又称"凤尾鱼"，雄鱼颜色绚丽多彩，活泼可爱，因酷似孔雀极为美丽的花尾巴而得名。随着人工不断育种筛选，品种花色也变得千变万化，有的浑身银点闪烁，有的斑纹发光形似蛇皮，有的尾鳍红如火炬，有的一身淡紫高雅，有的半身红一色、黑一色，也有的分段为绿、红、黑色，可谓如花似锦。尾鳍形状多达 13 ~ 16 种，有圆尾、三角尾、旗尾、火炬尾、琴尾、齿尾、燕尾、上剑尾、下剑尾、裙尾等。孔雀鱼的繁殖及水质适应能力极其强大，是标准的新手鱼。

饲养要点

　　孔雀鱼适应性很强，喜中性至微碱性稍硬水质，能耐受 16℃左右低温与较脏水质，在没有温控和充气设备的环境中也能良好生活。如使之色彩非常艳丽，体形、尾鳍长大漂亮，则需创建出水体明亮、砂底深色、水草密植、水质良好的环境。

泰国斗鱼

中文学名　斗鱼　　　　　　　　　　　　科别　丝足鲈科
分布　泰国，马来西亚　　　　　　　　　水质　中性
温度　22 ~ 30℃
习性　好斗，孤僻
食性　活饵

　　泰国斗鱼体长可达 8cm，是斗鱼系列的精神领袖、绝对代表。经人工长期培育，品种繁多、性情凶猛、五彩缤纷，雄鱼各鳍长垂，非常潇洒，加上体色艳美，极具观赏价值。人工培育下有红、白、青、蓝、黄等颜色，甚至还有间杂品种。

饲养要点

　　泰国斗鱼对环境的适应能力极强，均具鳃上副呼吸器官，能呼吸空气，故低氧或短时间离水不易死亡。喜中性至弱酸水质，能栖息于池沼、沟渠中。

　　泰国斗鱼食性杂，以孑孓等水生昆虫为食，适合在水草密植的水族箱中养殖。可以与小型鱼混养，但不能与同类混养，尤其雄性同类一定要分开或隔离饲养。注意不要让水质环境波动过大。

火焰铅笔鱼

中文学名　红带铅笔鱼　　　　　　　　科别　脂鲤科
分布　亚马孙河流域　　　　　　　　　水质　中性
温度　23 ~ 29℃
习性　凶猛好斗，喜独居
食性　杂食

火焰铅笔鱼别名"红带铅笔鱼"，体长
可达 4cm，嵴背、体轴中下及腹部分别有三
条黑色纵纹，中间一条最为宽阔、明显。雄鱼
背鳍有白斑，发色后，中央色带非常红，故名
"火焰"。雌鱼背鳍无白斑，体色较淡。

饲养要点

火焰铅笔鱼虽然体型较小，但领地意识
颇强，喜欢独居，是一种勇猛好斗的鱼类。如
果有其他鱼类闯入它的领地，必然会展开追逐。
火焰铅笔鱼喜欢在水草茂密的鱼缸底层活动，需要清澈的水流及充沛的含氧量，适宜 pH 值
5.8 ~ 7.5、硬度 5 ~ 10、水温 23 ~ 29℃的水环境。

漂亮宝贝鱼

中文学名　漂亮宝贝鳉　　　　　　　　科别　假鳃鳉科
分布　非洲南部　　　　　　　　　　　水质　弱酸
温度　21 ~ 28℃
习性　性情温和
食性　小型活饵

漂亮宝贝鱼别名"火麒麟鳉鱼"，鱼体呈梭形，
体长可达 5cm，基色为鲜亮的橙色。鳞片天蓝色，
亮鳞的边缘为红色，全身红蓝相衬，色彩鲜明、大
胆又不显得杂乱。吻部淡黄色，眼睛蓝色，背鳍、
臀鳍蓝色带有棕色斑点，尾鳍蓝色带有红色和黑色
边缘。雄鱼体色异常艳丽，宛若水中宝石般耀眼夺目，
可谓实至名归，是世界上最美丽的热带鱼品种之一。

饲养要点

漂亮宝贝鱼喜弱酸性软水，对水质变化极为敏感，水质太硬，鱼鳃会动个不停，并浮在水
面游动，不久即死亡。可投喂水蚤、蚯蚓或颗粒饲料等，要小心呵护，稍有不慎就可能导致死亡。
该鱼被世界鳉鱼协会公认为最难养的鳉鱼品种之一。

⋮工具鱼

　　水景缸内除了观赏鱼外，还需要工具鱼种。简单来说就是可以清洁鱼缸、吸食残渣和鱼类排泄物以及去除藻类的，常被搭配放养在鱼缸中的下层鱼种。而这些工具鱼种，往往也是各有喜好，作用不一，可以根据缸体需求来配置。

　　当然，工具鱼也并不是数量越多越好，以 60cm 缸，50L 水为例，可以配置 5 条工具鱼。简单换算比例，每 10L 水配置一只工具鱼即可。在下文将为大家介绍部分常见好用的工具鱼种。

小精灵鱼

中文学名　耳斑鲶　　　　　　　　　　　　科别　吸甲鲶科
分布　巴西亚马孙流域　　　　　　　　　　水质　弱酸
温度　21 ～ 27℃
习性　活泼，温和，可与其他小型灯科鱼混养
食性　藻类
主要克制藻类　青苔、褐藻、绿斑藻

　　小精灵鱼体形小，最大体长可达 5cm，以食蔓生藻类的强大能力而闻名。体侧一条棕褐色条纹穿过鱼眼直达鱼尾，上黑褐色下淡黄色，搭配上灵动的眼睛，一副小精灵的可爱模样。能进入狭小空间，喜食苔藻、蜗牛卵，是水族最佳工具鱼之一。

饲养要点

　　小精灵鱼性情温和、羞涩内向、敏感度强，工作时，易受到其他邻居干扰。喜食藻类、螺卵，不食水草及鱼虾，可混养，清理藻类效率很高。喜弱酸性软水，建议饲养于密植水草并有光源照射的水族箱中。水族箱中缺乏藻类时易死亡，某些个体会主动食用饲料。

黑玛丽鱼

中文学名	黑花鳉	科别	花鳉科
分布	墨西哥	水质	中性，弱碱，汽水
温度	20 ~ 27℃		
习性	温和，可与其他小型灯科鱼混养		
食性	杂食		
主要克制藻类	丝藻、褐藻、水绵藻，油膜、菌膜		

黑玛丽鱼体呈梭形，由高鳍玛丽鱼杂交培育出的人工变种，全身黑亮，令人喜爱。雌雄均为通体哑光般的乌黑，在鱼类中比较少见，非常特别，也是最容易被忽略的工具鱼之一。玛丽鱼是水面油膜和杜鹃根菌膜的主要克星，非常有效。

饲养要点

黑玛丽鱼性格温和，可进行混养，对水质要求不高，喜微量盐分弱碱性偏硬水质，也可在中性水质中生活。温度长期偏低，极易患病，所以换水温差不要过大，水温低于 18℃时，易患水霉病和白点病。黑玛丽鱼食性杂，属上层鱼，能刮食缸壁上的藻类和水面的油膜，对沉木开缸初期的菌膜也非常有效，故有"水族箱清洁工"的美称。

黑线飞狐鱼

中文学名	暗色穗唇鲃	科别	鲤科
分布	东南亚	水质	中性
温度	23 ~ 27℃		
习性	胆小，温和，可与其他小型灯科鱼混养		
食性	杂食，藻类		
主要克制藻类	青苔、丝藻、水绵藻、黑毛藻		

黑线飞狐鱼原产于东南亚的湄公河等河流中，体态细长，呈灰褐色，带着特殊的黑色水平条纹，属卵生，适合观赏。野生最大体长可达 15cm，而在水族箱里一般只有 8cm。对各种饵料接受性较强，因具有吃黑毛藻的本领而备受草缸玩家们的青睐。

饲养要点

黑线飞狐鱼的性情温和，可以和大部分的鱼类和平共处，但是不能和红尾黑鲨混养。黑线飞狐鱼并不挑食，一般的鱼粮饲料，它们都能够接受。如果水族缸遭到黑毛藻重度侵袭，就要尽量减少喂食，以使黑线飞狐鱼去吃黑毛藻。

黄金大胡子鱼

中文学名　黄金大胡子 科别　双孔鱼科
分布　南美洲 水质　中性
温度　22 ~ 30℃
习性　胆小，温和，可与其他小型灯科鱼混养
食性　杂食，藻类
主要克制藻类　青苔

　　黄金大胡子鱼属于异形鱼，性情温和，外形美观。头扁吻宽顿，口向下为吸盘，嘴部四周有发达的触须构造，呈树枝状。体表偏暗金黄色，身体花纹有像迷宫的纹路。底栖性，喜夜行和弱光性，触须兼有触觉和味觉功能，可用来找寻食物。

饲养要点

　　黄金大胡子鱼是既好看又好养的鱼种，对水质并无特别的要求。水质波动不要过大，水质、温度骤变可能会引发病变。通常健康的鱼在 pH 值 6.0 ~ 7.5 时大致上都没有问题，而硬度在一般水平即可，温度在 22 ~ 30℃之间。

巧克力娃娃鱼

中文学名　黑带龙脊鲀 科别　四齿鲀科
分布　印度 水质　中性
温度　22 ~ 29℃
习性　攻击性
食性　杂螺
主要克制藻类　无

　　巧克力娃娃鱼是世界上最小的纯淡水河豚品种，还是不折不扣的"除螺高手"。眼睛的颜色可根据光线反射呈黑色、蓝绿色或暗橘红色。两只眼睛可以独立地转向任何方向，除尾鳍外，所有鱼鳍像微型电风扇一样转动不停，非常可爱。

饲养要点

　　巧克力娃娃鱼饲养难度不高，但会偷啃鱼鳍，并且吃小虾、螺类，不建议与价值较高的观赏虾及观赏螺类混养。同类间地域观念很强，雄鱼之间争夺地盘通常会发生激烈的争斗，可饲养一雌一雄。巧克力娃娃鱼食肉，以螺类为主，主要用来去除螺类，也会吃小虾米。若缸内螺类过多，可以饲养一尾用来控制螺类繁殖。

小提琴鱼

中文学名　爬岩鳅　　　　　　　　　　　科别　平鳍鳅科
分布　中国南方　　　　　　　　　　　　水质　中性
温度　21 ~ 27℃
习性　具有领地意识
食性　藻类
主要克制藻类　青苔，褐藻

　　小提琴鱼是中国原生鱼的代表之一，饲养难度不高，适合新手饲养。头较宽扁，其前段较平扁，体稍延长，背缘稍隆起，腹面平坦，后段渐显侧扁，尾柄高稍大于柄长。吻端圆钝，边缘较薄，吻长大于眼后头长。体背棕褐色，腹面浅黄色，头部与体背密布暗色小阴斑。偶鳍外缘白色，内侧有一弧形黑线。奇鳍均有黑色斑点组成的条纹。常爬于石头和缸壁啃食藻类。

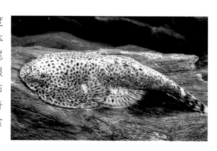

饲养要点

　　小提琴鱼对氧气要求较高。喜欢啃食藻类，属于同科中比较好养的品种，也是市面上比较常见的、适合新手饲养的鱼种。除藻效果也比较好，饲养数目不要太多，适合水景缸养殖，可躲避追逐。

金苔鼠鱼

中文学名　金苔鼠　　　　　　　　　　　科别　双孔鱼科
分布　中国长江流域、江淮区域，泰国　　水质　中性
温度　22 ~ 28℃
习性　暴躁、领地意识极强
食性　杂食
主要克制藻类　青苔，褐藻

　　金苔鼠鱼别名"青苔鼠"，依靠口状吸盘吸附于水草、岩石移动，是食藻鱼名单里不可或缺的一员。幼鱼勤快，成鱼偏爱饲料，除藻偏懒惰，性格胆小，遇到噪音，喜爱翻滚打洞，故亦有"神经鼠"的称号。

饲养要点

　　金苔鼠鱼是鱼商极力推荐的除藻鱼种，虽可除藻，但不建议水景缸饲养。金苔鼠鱼虽有一定的除藻能力，但体型过大，也有吃鱼的恶习，如果是草缸或者有底沙的鱼缸最好不要饲养，它还有个外号叫"神经鼠"，这种鱼捣蛋起来难以捕捉，非常烦人。

一缸一景一世界　从这本书爱上水景缸

观赏鱼混养
搭配要点

　　以上都是比较常见的水景缸饲养鱼种，其他热带鱼也可饲养，在水族箱中饲养搭配多种热带鱼是非常常见的现象。但是，同时饲养不同种类的热带鱼时会出现多种问题，最常见的就是某种鱼被另外一种热带鱼欺负、受伤甚至是被吃掉。所以，搭配饲养时需要注意以下几点：

1. 饲养的鱼类大小悬殊不可过大，大鱼吃小鱼是自然法则。
2. 不要饲养生活在不同水质的鱼类。
3. 尽量选择性格温和的鱼类，避免争斗。
4. 喜欢追逐和吃鱼鳍的鱼，尽量独养 1 ~ 2 只（例如：河豚类）。
5. 同种之间争斗的鱼类最好单养（例如：斗鱼等）。

观赏虾的
选择

观赏虾是我们水草缸里不可或缺的一员，虾米本身不仅可以观赏，还可以清理缸内的垃圾。当然最重要的一点就是"刮藻利器"，以藻为食且体色多变，极其漂亮，是不可或缺的水族"清洁工"。接下来，为大家推荐部分常见的观赏虾品种。

黑壳虾

中文学名　黑壳虾

分布　全球淡水流域

温度　10 ~ 28℃

习性　温和

食性　藻类，动植物尸体

主要克制藻类　褐藻，青苔，水绵

科别　匙指虾科

水质　中性

　　黑壳虾是对产自中国的各种匙指虾科的泛称，并不是某一物种的正式名称，或者可以说是"草虾"。成虾体长 2 ~ 3cm，体色多变，会随环境而变色。有两对小螯钳，螯两指内面凹陷，略呈匙状，匙指末端有刷状丛毛。户外湖泊水塘随处可见，以刮食藻类为食。

饲养要点

　　黑壳虾是草缸虾类中最容易饲养的品种，除藻能力很强，极易繁育，性格非常温和，不会对鱼缸内的任何鱼类进行攻击。无须特地喂食，对温度要求不高（但是要尽量避免高温，高于28℃会停止繁殖），而且对抑制鱼缸内藻类的泛滥有非常大的作用，所以黑壳虾可以说是"非常优秀的水景缸清洁工"。

大和藻虾

中文学名　大和藻虾

分布　中国台湾、日本汽水流域

温度　22 ~ 26℃

习性　温和

食性　藻类

主要克制藻类　褐藻，水绵，丝藻

科别　匙指虾科

水质　汽水

　　大和藻虾，别名"珍珠虾""大和沼虾"，原产于亚洲中国台湾、日本河口汽水水域。虾体有红色或褐色斑点状线条。形态颜色并不惹人注目，但除藻能力十分强悍。与樱花虾一样，属于初学养虾者的首选品种。因其身体分布斑状点，所以也被称为"珍珠虾"。

饲养要点

　　大和藻虾饲养比较容易，食欲相当旺盛，喜食藻类、浮游生物及专用饲料，食物不足时，会摄食水草嫩叶或腐叶，也会因营养不良而死亡。大和藻虾属汽水虾品种，小卵型繁殖，淡水环境无法繁殖，需汽水环境及降温过程，比较复杂困难，故其价格一直居高不下。但在水景缸内饲养 10 尾左右预防丝藻等藻类还是很有必要的。

樱花虾

中文学名　樱花虾

分布　亚洲

温度　15 ~ 28℃

习性　温和

食性　藻类，动植物尸体

主要克制藻类　褐藻，青苔，水绵等

科别　匙指虾科

水质　中性

　　樱花虾别名"火焰虾""樱桃虾"，野生种产于中国台湾南部，为黑壳改良提纯品种，色彩鲜艳、略透明，头胸甲、腹部和第三对步足有红白相间的条纹，并覆盖有棘突，其触须和其他步足都为白色。体形小，无攻击破坏性螯足，身体有不规则的粉红色花纹，酷似樱花。

饲养要点

　　樱花虾可以说是"黑壳虾"的提纯改良品种，和黑壳虾饲养条件基本相同，主要以藻类及浮游生物为食，不挑食。单独饲养繁殖时，可喂食煮熟的菠菜、冰冻红血虫等。但作为水景缸内控制藻类的工具虾使用，其对水温适应极强，易于饲养。可与大部分温驯的灯鱼混养，但不可与大型或者较凶的鱼种混养。属大卵型，比较容易繁殖，草缸内饲养十分抢眼、漂亮。

极火虾

中文学名　极火虾

分布　中国，亚洲

温度　15 ~ 28℃

习性　温和

食性　藻类，动植物尸

主要克制藻类　褐藻，青苔，水绵

科别　匙指虾科

水质　中性

　　极火虾别名"玫瑰虾"，是樱花虾选育繁育提纯出的品种，虾壳通体为不透明的火红色，在草缸内搭配绿色水草，十分抢眼，特别好看。体形小，无攻击性破坏性螯足，与樱花虾形态有很大区别。极火虾外壳通体红色，而樱花虾有明显的白色纹路。

饲养要点

　　极火虾饲养容易，适应能力较强，不会伤害其他生物。喜爱软水、低温，食性较杂，以藻类、红虫或专用饲料为食，还可清除鱼类食物残渣，偶尔喂一些煮熟的菠菜，更利于发色。非常适合草缸饲养。水温高于28℃时不宜繁殖，会出现踢卵现象，高于30℃时易死亡。缸内缺氧或水质较差时，会满缸乱飞，俗称"飞虾"。

黄金米虾

中文学名　黄金虾

分布　亚洲

温度　15 ~ 28℃

习性　温和

食性　藻类，动植物尸体

主要克制藻类　褐藻，青苔，水绵

科别　匙指虾科

水质　中性

黄金虾别名"黄金米虾"，与极火虾形态相似，是樱花虾的变异提纯品种，草缸群养，好似"满城尽带黄金甲"，观赏性极强，是颜色非常独特的米虾品种。其体形小，身披黄金战甲，背部金线贯穿全身，无攻击性、破坏性的鳌足，不会伤害其他生物。

饲养要点

黄金米虾也可以说是"黑壳虾"的变异种，所以很容易饲养，对水质要求不高，对水温适应极强，饲养生长条件、习性、繁殖与樱花虾、极火虾完全一致，不用过多呵护。

蓝钻（蓝丝绒）虾

中文学名　蓝钻虾

分布　亚洲

温度　15 ~ 28℃

习性　温和

食性　藻类，动植物尸体

主要克制藻类　褐藻，青苔，水绵

科别　匙指虾科

水质　中性

蓝钻虾别名"香港野生米虾"，俗称"蓝丝绒米虾"，半透明蓝色的身体上面分布着黑色斑点，有很长的触须。体型中等，比较少见，好的晶蓝色的蓝钻虾更是少见，一般市场上流通量很少，价格比极火虾类更高些。

饲养要点

蓝钻虾多为原生虾类，人工繁殖有一定的难度。现在随着环境的破坏，蓝钻虾更少见了，对环境的要求也相对高些。饲养有一定的难度，水质一定要好，喜欢淡水环境，属于大卵型虾类。蓝钻虾的饲养同其他虾类差不多，可喂食虾粮或是红虫一类的食物。

蜜蜂虾

中文学名　蜜蜂虾　　　　　　　　科别　匙指虾科

分布　亚洲　　　　　　　　　　　水质　中性

温度　15 ~ 28℃

习性　温和

食性　藻类，动植物尸体

主要克制藻类　褐藻，青苔，水绵

　　蜜蜂虾别名"新蜜蜂虾""白头蜜蜂虾"等，身体间杂四道黑白条纹，间隔并不明显，好似蜜蜂身上的纹路而得名，是中国广州和香港的原生虾种，1980 年传到日本，与新蜜蜂虾选育出风靡世界的"水晶虾"。

饲养要点

　　蜜蜂虾对水质的要求并不是很高，高温会缩短寿命，因为温度每减 1℃将会增加水中的溶氧量，低温有助于蜜蜂虾寿命的延长。pH 值高于 7.5 也会造成危险。如发现蜜蜂虾到处浮游（飞虾现象），是大量换水后余氯与酸碱度振荡造成的，建议换水使用纯净水。

观赏虾混
养搭配要点

以上都是草缸可以饲养的观赏虾，不仅漂亮，而且除藻效果佳，一般以"草虾"为主，再搭配部分各种颜色的虾米，视觉效果更好。需要特别注意的是，以上虾米都可以混养，但是繁殖杂交后会导致基因不纯，出现"虾米返祖"现象，所以极火虾米等虽然好看，但也不要过多饲养，或者可以单独饲养某一种观赏虾。时下流行的"螯虾"类（螯虾往往体型较大，甲壳坚厚，有两只巨大的螯钳，外形和小龙虾相同，例如天空蓝魔虾等），并不适合水景缸饲养，螯虾往往具有食草性和打洞穴居的习性。

观赏螺的
选择

水景缸除了可以养殖观赏鱼、观赏虾外，还可以养殖外形美观奇特、色彩斑斓，兼具清淤除藻、活化床底功能和观赏价值的观赏螺。其也是水族世界的重要组成部分，和一部分工具鱼、虾一样扮演着"清洁工"的角色。接下来将介绍一些非常漂亮且实用的观赏螺种类。

蜜蜂角螺

中文学名　蜜蜂角螺

分布　印尼，菲律宾等汽水流域

温度　22 ~ 28℃

习性　缓慢，温和

食性　藻类

主要克制藻类　褐藻，青苔，绿斑藻

科别　蜑螺科

水质　汽水

　　蜜蜂角螺，别名"水雷螺"，长角的外壳非常美丽，这种螺的壳体类似海洋里的螺，外壳上有黑黄相间的彩纹，壳体有枝状突起，体色也非常多样化。因其外壳上有一条一条黄黑相间的彩色花纹，从远处看像极了一只可爱美丽的蜜蜂，因而得名"蜜蜂螺"。其是一种很漂亮很可爱的除藻螺种，也是水景缸内不折不扣的除藻高手，观赏价值极高。

饲养要点

　　蜜蜂角螺属较"皮实"的汽水流域观赏螺品种，喜欢中性至弱碱性水质，也能在偏弱酸水质中长期生存。所以，水景缸与水晶虾缸里都常见它的身影，除藻能力很强，喜食绿斑藻。购买回来后要先过水再下缸，可减少因环境不适而死亡的风险。

洋葱螺

中文学名　洋葱螺

分布　印尼、中国台湾

温度　20 ~ 28℃

习性　缓慢，温和

食性　藻类

主要克制藻类　青苔

科别　蜑螺科

水质　汽水

　　洋葱螺是典型的汽水流域螺类品种，淡水中无法繁殖，与斑马螺同属近亲，因外形及壳体花纹酷似洋葱，故得名。洋葱螺的外壳顶部较为扁平，绝大部分都没在壳体之中。螺体紫红色，和洋葱的颜色类似，黑斑规则地点缀其中，也是种很美丽的螺。

饲养要点

　　洋葱螺食性杂，喜食藻类，除藻效果佳，可作为草缸工具螺饲养。可投喂沉底饲料或鱼、虾、螺、专用饲料。洋葱螺作为工具螺，一般60cm 缸可以饲养 2 或 3 只，90cm 缸 3 ~ 6 只，120cm 缸 4 ~ 10 只即可。需要注意，不能与食螺鱼类及杀手螺混养。

斑马螺

中文学名　斑马螺

分布　河口汽水流域

温度　21 ~ 29℃

习性　缓慢，温和

食性　藻类

主要克制藻类　青苔，绿斑藻

科别　蜑螺科

水质　汽水

斑马螺，别名"西瓜螺"，壳体上有黄黑相间的纹路，酷似斑马，又像虎纹，由此得名。除条纹外，还有锯齿状和斑点状的花纹。螺纹非常美丽，为人所喜爱，是效果极佳的除藻工具螺。斑马螺属海水与淡水交汇处的汽水螺，也可在淡水中很好地生存，但在淡水中无法繁殖。

饲养要点

斑马螺在淡水领域中适应能力非常之强，甚至在比较差的水体环境中依然能够顽强生存。斑马螺比较喜欢硬一些的水质，pH 值控制在 7.1 ~ 7.4 会比较好，其在软水中会比较容易发生溶壳的现象，螺壳上的花纹也会被逐渐溶蚀，从而降低了观赏性。把箱体内的水温控制在22 ~ 24℃最有利于斑马螺的生长发育，同时斑马螺喜爱吃缸内壁附着的绿斑藻，根据此特性，许多人将斑马螺作为工具螺来治理水景缸壁的藻类。

鲍鱼螺

中文学名　鲍鱼螺

分布　河口汽水流域

温度　15 ~ 30℃

习性　缓慢，温和

食性　藻类

主要克制藻类　褐藻，青苔，绿斑藻

科别　蜑螺科

水质　汽水

鲍鱼螺别名"笠螺"，属汽水域螺，外形奇特，纹路多种多样，常为网格状，很像斗笠，因此也被称为"篱螺"或"笠螺"。鲍鱼螺食量大，喜食藻类，不会啃食水草。杀手螺也基本伤害不了它，除藻效果非常明显，是草缸受宠的螺类之一，因形状酷似鲍鱼而得名。

饲养要点

鲍鱼螺适应力较强，在水质较差的淡水里也可很好地生存。喜偏硬水质，软水容易溶壳或使其纹路变淡，降低观赏价值。水温 22 ~ 24℃时最活跃。需要注意的是：初入缸务必将螺口向下放置；鲍鱼螺吸附力极强，严禁强行扯离，易导致其肌肉撕裂甚至死亡。

杀手螺

中文学名　杀手螺   科别　蜒螺科

分布　亚洲   水质　中性，弱碱

温度　20 ~ 28℃

习性　缓慢，温和

食性　动物尸体

主要克制对象　杂螺

　　杀手螺外壳厚实，黑黄相间，有类似石纹的彩色花纹，软体部多为灰白或黄灰色，尾部有无规则黑斑。其在翻动底沙、活化底床方面有特殊功效。软体前端有长长的鼻管，外壳与其他塔螺一样，为宝塔型，特别之处是壳体花纹为黄黑相间，十分美丽。

　　形态别具风格，不吃水草，不会攻击鱼类，以捕食其他螺类和动物尸体为生，故也称为"杀手螺"。其是水景缸很好的除螺工具之一。

饲养要点

　　杀手螺习性特殊，白天常潜入底床活动，夜间出动觅食。不食藻类，喜食其他螺类、动物尸体。活动能力及食量有限，如用于控制较大水族箱内的杂螺，效果不是很明显。

　　食性杂，藻类、螺类、残饵，都是其捕食对象，是稀有的淡水螺品种。主要用来控制水草缸内种植水草带来的杂螺，例如扁螺等。

橙兔螺

中文学名　橙兔螺   科别　厚唇螺科

分布　亚洲印尼苏拉威西岛   水质　弱碱

温度　22 ~ 34℃

习性　缓慢，温和

食性　藻类，动植物尸体

主要克制对象　藻类

　　橙兔螺壳体呈细长的宝塔状，寿命为 2 ~ 3 年，成体的体长在 4 ~ 6cm，拥有令人喜爱的明亮的橙黄色。

　　橙兔螺为卵胎生，繁殖方式非常特殊，每个后代都会被包裹在一个卵囊中，依靠母体子宫内的分泌物来获取营养。当幼生小螺从卵中孵化出来的时候，它们便已经发育完成，就连它们的外壳都变得很坚硬了。有些橙兔螺的幼体能够在母体内成长到将近 2cm 长，这是螺类的一项纪录。

饲养要点

　　橙兔螺对水质酸碱性的要求为 pH 值在 7.2 ~ 8.6 之间，对水体硬度的要求在 5 ~ 10DH，其对水体温度的要求在 18 ~ 35℃，过低的温度不适合其生长。橙兔螺和其他一些螺一样比较胆小，不喜欢强光，在夜晚比较活跃，白天不怎么爱动，经常缩在螺壳之中或者钻进底砂和石头缝里。

如何选购
观赏鱼

在花鸟鱼市场售卖观赏鱼的店铺很多，在面对大量种类繁多的热带鱼时，我们常常感到眼花缭乱，不知道如何选择。那么，我们如何从其中挑选出适合我们景观缸体的观赏鱼呢？

购买目标明确

不要选购太多种类的观赏鱼，3 ~ 5种即可，性格要温顺，最好不生活在同一水层。所以在逛花鸟鱼市场时最好提前选定部分种类，着重观察。

观察鱼的动作是否敏捷

在选购时观察鱼是否活动敏捷，可以让店主进行喂食观察：若是动作敏捷，反应能力极佳（冲在最前方的领游部分），则代表非常健康；若是反应慢，离群或者在水面附近无力游动，需要注意，基本为患病鱼或者问题鱼。

观察是否全体

全体是指我们在购买观赏鱼时需要观察鱼是否畸形，鱼的体表、鱼尾和鱼鳍部分是否有伤口、充血，或者色彩暗淡、掉鳞等情况。此类鱼最易患病，应避免带回传染性疾病传染缸内所有鱼类。

观察是否定水

在选择观赏鱼时可以询问老板进货多长时间了。观赏鱼基本依赖于进口，需要很长的时间流通，容易患病，所以到店的新鱼会有极大的损耗。到店铺后会淘汰体弱多病不健康的鱼类，饲养2 ~ 3周后的鱼类多为其中的佼佼者，已经适应本地水质，成活率更高。

选择体型较大的

同种类的鱼种宜选择体型较大的，体型较大代表健康，比较容易饲养。

选购价格不宜过高

新手不要被鱼的美丽体色所迷惑。不建议饲养价格较高的，具有稀有性和收藏性的观赏鱼。此类观赏鱼往往适合单独饲养，并不适合景观缸体。

询问

若是进行混养，尽量选择体型相差不大、不同水层的游鱼，并在购买前询问店主是否可以在同一缸体内饲养。

充氧打包

一般店家都会提供打氧服务，打氧量可以维持一天左右的消耗。

过水

对于刚刚网购或者买回的鱼，不可直接打开充氧气的塑料袋放进缸体内，要进行过水操作。连同袋子一起放入鱼缸，等 10 ~ 20 分钟，使运输包装内的水温和缸体内的水温相同后，打开包装袋，加入鱼缸中的水约为袋内的十分之一，观察 5-10 分钟是否有鱼类产生不良反应，二次可以加入带内水体的三分之一，三次加入水体的一半，四次达到 1:1，没有不良反应即可放鱼入缸。

若是购买的螺类和虾类体质较为脆弱，则需要将其单独倒出盛放，使用软管缓慢地将缸内的水滴定到单独盛放的容器内，使其适应缸内水质，滴定到原水体的 3 倍左右即可将螺和虾倒入景观缸体中。

　　　　　　　　　　　　　　　　一缸一景一世界　从这本书爱上水景缸

总有一些
意外发生

在景观缸体的日常维护中，总是有一些意外情况发生。最常见的意外之一便是在我们的景观缸体当中总是能够发现一些妙趣横生的生物——各种有趣的"虫"。若缸体内出现不明生物，不要担心，这些外来生物有些是有益的，有些是有害的，大多数对虫类不了解的玩家会感到不安。其实，只要找到对应的治理措施就可以轻松解决。

涡虫

涡虫经常会意外地出现在我们的水景缸当中，整体呈扁形，两侧对称，头部有两个眼点，体长 1.0 ~ 2.5cm。涡虫是一种非常原生的生物，种类繁多，对于水景缸的生物来说大部分都是有害的。

涡虫一般隐藏在土壤或者砂层中，昼伏夜出，偶尔出现在缸壁和水草上，移动缓慢，捕食对象为缸内睡眠中的小型鱼、虾、螺等，没有活体捕食或寄生的情况下会吃土壤上的腐败物质。

治理对策

涡虫多是随水草被带入缸中的，缸内水质洁净、含氧量丰富，非常适合涡虫繁育，基本不能自然消除，所以在种植水草前期，必备的水草检疫和消毒工作尤为重要。可以进行生物治理，已知的胎鳉科小型鱼类都吃涡虫，例如常见的孔雀鱼、玛丽鱼、白云金丝鱼等的亚成体对涡虫的治理效果明显。物理捕捉主要是通过诱捕器进行，在诱捕器内放入诱饵（通常为虾肉）即可捕获大量涡虫，效果稍慢。最快速的方法为药物治理，目前市面上有专门克制涡虫的药剂，但是此类药剂通常对非脊椎动物（虾、螺）有所伤害，需要注意使用剂量。

水螅

水螅是很有趣的动物之一，在水景缸中出现的频率不高。水螅外形类似于微型珊瑚，呈半透明状，顶端多为白色发丝状，触手随着水流收缩浮动。整体外观像是植物，实际却是肉食性动物，会行走移动，更多时候是随水流漂泊，直到吸附在合适的捕食位置，

多在缸壁、植物的叶片等含氧量丰富的位置。多捕食缸内鱼虾的幼崽和浮游生物。

治理对策

水螅多由外部带入受精卵或水螅幼体而来，所以种植前的水草检疫工作非常重要。水螅繁育相对较慢，可以进行手动清除，在发现伊始就应使用镊子将其夹出，可以缓慢地治理。也可以在缸内饲养一尾巧克力娃娃，进行生物治理。还可以使用治理涡虫的药剂进行化学消杀，但是需要注意计量。

　　　　　　　　一缸一景一世界　从这本书爱上水景缸

贝蚤

　　贝蚤在淡水流域很常见，是一种极小的甲壳类动物。贝蚤虫体很小（1～3mm），整体呈现椭圆形，被两个半圆形甲壳包裹，类似豌豆荚。身体由胸部和头部组成，带有大部分触须、腹足和简单的眼睛（或一对复眼）。受骚扰时，兽脚类动物会隐藏起来，或封闭贝壳并沉入鱼缸底部。

　　贝蚤生性活泼好动，经常活动于底床上层土壤。贝蚤食性较杂，以藻类、细菌和浮游生物为主，也会进食多余的饵料，但是不会对水生动物产生影响，反而是部分鱼类的掠食对象。

治理对策

　　贝蚤的来源多为外界带入，卵极为微小不易察觉，进入合适的环境开始快速地孵化并成长。若是贝蚤过多，影响到观赏效果时，可以进行生物治理，饲养2尾巧克力娃娃即可得到有效的控制。也可以使用诱捕器进行捕捉治理。药剂治理是最为快速的治理方法，注意用量即可。

钩虾

　　钩虾也是较为常见的虫子之一，多生活在淡水流域，常生存于植物根系的缝隙或岩石附近，属于两栖类甲壳动物。整体由头部、胸部、腹部三部分组成，头部有明显的触角，胸部和腹部下有多对足，成体在5～20mm之间。昼伏夜出，食性较杂，是众多观赏鱼和龟饲料的主要原料之一。

治理对策

　　钩虾出现的原因，多为外界带来的幼体，景观缸体内水质环境优良，导致其大量繁殖。其不但对水生动植物无害，反而会成为观赏鱼的饵料，可以清理底床垃圾，但也十分影响感官。建议使用生物治理，投放肉食性观赏鱼，例如短鲷、荷兰凤凰等，并减少饵料的投放，即可得到有效的治理。

蜻蜓幼虫

蜻蜓幼虫也是淡水流域常见的水
生动物之一，蜻蜓点水产卵后，卵在
水中孵化成幼虫"水虿"，其生性凶
猛，捕食鱼虾等小型生物，可以说是
"景观缸体中的顶级掠食者"。水虿
体型3～6cm，整体呈现扁形椭圆柱体，
由三角形头部、胸部和腹部组成，在
尾部有三条短小的尾钩。虽然外形凶
猛，但是并不会攻击人体，不必担心。

治理对策

蜻蜓幼虫来源也多为水草携带的虫
卵。水虿虽然会出现在缸体当中，但是数
量不会很多，所以使用渔网手动捕捞即可。
但是其对缸体内的鱼、虾等生物威胁极大，若是发现，建议及时捕捉处理。

豆娘

豆娘是淡水流域周围很常见的一
种昆虫，俗称"蟌"，成虫极像蜻蜓，
在多地被称为"蜻蜓"，成虫区分较
为容易。豆娘颜色艳丽，常见红色、
蓝色以及绿色，身体纤细且长，翅膀
也有区别，蜻蜓在停栖时，会将翅膀

平展在身体的两侧；豆娘在停栖时，会将翅膀合起来直立于背上。幼虫的区别就在
于胖瘦，豆娘幼虫整体较为纤细，尾端有明显的三条尾钩。蜻蜓的幼虫，整体体型
更大、更臃肿，腹部肿大，尾钩不太明显。

治理对策

豆娘偶尔也会出现在我们的景观缸体中，也是外界水草携带卵或幼虫而来。豆娘生性凶猛，
属于肉食性动物，鱼虾都是其捕猎的目标。豆娘在缸内数量不会很多，通常只有几只甚至只有
1只，所以只要手动清除即可，用渔网或者镊子将其夹出。有不少玩家也会在缸内将其饲养到
成虫，化为豆娘，毕竟成体的豆娘都极为漂亮。

　　　　　　　　　　　　　一缸一景一世界　从这本书爱上水景缸

小瓜虫

　　小瓜虫大家并不熟悉，但是对于鱼类常患的"白点病"就广为所知了。白点病实际上就是小瓜虫寄生所致，小瓜虫属原生动物门、纤毛虫纲、凹口科、小瓜虫属，主要寄生在鱼类的皮肤、鳍、鳃、头、口腔及眼等部位，形成胞囊，呈白色小点状，初始体现为零星的单个小点，常常小于1mm，严重时肉眼可见。小瓜虫出现后传染速率和繁殖速率极为迅猛，感染后会引起鱼体表各组织充血，不能觅食，加之继发细菌、病毒感染，可造成大批鱼死亡，其死亡率可达60% ~ 70%，甚至全军覆没。

治理对策

　　小瓜虫多为购买观赏鱼时带入，在水质恶劣和低温环境下繁殖迅速，所以在购买鱼后进行检疫是很正确的选择和预防白点病的措施。新购置的鱼可以在入缸前进行消杀工作，在单独的缸体内进行隔离并将水温升至28 ~ 30℃，隔离观察3 ~ 5天即可。小瓜虫在28℃的环境下会脱落死亡。也可以使用药浴的方法预防，10L水添加0.2g甲基蓝，将新购买的鱼放入2小时即可。不过现在市面上有很多治理白点病的药物，治疗白点病已经不是一个很难解决的问题了。

第七章
打造一个属于你的水景缸

　　在室内安置一个简单的小缸，不仅美观，更可让我们枯燥的生活富有生机，变得有趣起来。想象一下：逗逗鱼、弄弄草、看看书、品一杯香茗，岂不快哉?

　　接下来，就让我们一起动手，定制一款只属于你自己的水景缸吧。

家居小缸

　　首先，选择一款自己喜欢的缸体，最好选择方形的，缸体尺寸不要太小，尽量选择大于等于 45cm 的缸。这个尺寸的缸体，水体较为稳定，易于维护本次造景选用的缸体尺寸为 45cm×30cm×30cm。

▲往缸体内注水，检查缸体是否漏水，并清洁缸体。

▲在最底层铺设底床基质，轻石或者能源砂，也可适量加入部分基肥。轻石和能源砂不仅可以长期为水草提供营养物质，保证其正常生长，还可以增加底床的透气性，防止滋生腐败菌，影响水草的生长。

▲铺设水草泥，先铺设最前侧部分，防止前侧出现白色的能源砂影响视觉效果。切记：水草泥和能源砂不可清洗，水草泥和能源砂都含有大量营养物质，清洗会造成水体浑浊、提前粉化并造成营养物质的流失。

▲在最上层铺设水草泥，根据景观的不同，水草泥的铺设高度也不尽相同，一般都是前低后高。前侧厚度建议 3 ~ 5cm，是大多数前景草的扎根深度，后侧水草泥高度在 10cm 左右。

STEP
5

▲使用毛刷平整底床泥土,可以更容易地搭建骨架和种植水草。

STEP
6

▲挑选喜欢的素材,本次选用杜鹃根和部分青龙石,根据自己的喜好来摆放石材。可以尝试从远处观察,从而调整理想位置。

STEP
7

▲可以适当添加小型石或者细枝条等素材,以丰富景观的细节和增加整体自然感。

STEP
8

▲使用骨架胶水固定连接杜鹃根和青龙石,可以防止加水后杜鹃根漂起,造成景观搭建失败。

STEP
9

▲使用喷壶打湿水草泥,以便于种植水草并防止加水后尘土飞扬。

STEP
10

▲准备种植水草，种植莫丝类水草花费的时间较长，所以优先种植此类水草。使用莫丝胶水将撕开的莫丝粘贴固定在素材上，用来丰富和搭配景观石材的上方位置。

STEP
11

▲本次造景，前景草选择趴地矮珍珠，将趴地矮珍珠取出，在水盆中清洗掉底部水草。

STEP
12

▲将前景草均匀地种植在预想的区域，每一小搓水草种植间距在1.5 ~ 2.0cm，更有利于水草的生长。在种植水草时，增加种植密度，多使用一些水草，可以增加水草的成活率，加速成景所需要的时间，并且可以防止藻类爆缸。

STEP
13

▲中景部分选择种植迷你青椒水草，种植方法和矮珍珠相同；后景草选择种植绿宫廷和红宫廷水草，可增加颜色的丰富度并拉伸整体景观的景深。

STEP
14

▲种植耗费的时间比较长时，记得偶尔喷水防止水草干枯，以免影响成活率。

STEP 15

▲种植完成后，可以铺设塑料袋，进行缓慢注水，避免冲击底床，造成水体浑浊。

STEP 16

▲加水完成后，使用小鱼网捞出漂浮的水草碎叶。若水体浑浊，可以适当换水或使用DET魔术净水粉类净水产品。

STEP 17

▲注水完成后安装灯具，连接过滤器和二氧化碳设备。二氧化碳细化器放在出水口的对立面，细化效果会更好。

STEP 18

▲过滤器需要24小时不间断地工作，灯光和二氧化碳可以搭配使用定时器，固定开灯和二氧化碳释放时间，这样可以使水草更健康地生长。

开缸的第一周是水草在适应和扎根阶段，对灯光的需求并不是很多。为了防止藻类爆缸，可以把灯光时间设置为每天6小时，每隔一周增加1小时，直到每天开灯时间为8小时为止。

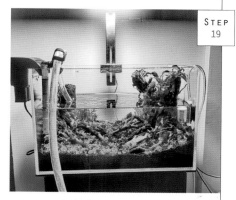

STEP 19

▲开缸前期，水草造景缸内微生物的净水能力还未能建立，所以1~2周内需要每天进行换水操作，每次换水1/3。放鱼的时间也有讲究，一般遵循"一周放虾，两周放鱼"这个原则。开缸一周后可以投放黑壳虾，2~3周后可以放入部分观赏鱼。

办公室
案头小缸

案头小缸是办公室和书房桌面的绝佳小品，可以使工作变得富有情调，增加期待感。工作之余，在放松眼睛，愉悦心情的同时可以缓解疲劳，一举两得。

一缸一景一世界 从这本书爱上水景缸

STEP 1

▲选择喜欢的小型缸体，检查缸体是否漏水，并清洁缸体。本次造景选择 30cm×30cm 方形缸体。

STEP 2

▲粘贴鱼缸减震垫以保护缸体，防止磕碰。

STEP 3

▲铺设基肥，缓慢地为水草根系后期提供足够所需的营养物质。

STEP 4

▲铺设底层能源砂，可以增加底床的透气性，活化底床并促进根系的健康生长。需要注意铺设时在缸体正面预留出 3cm 空隙，防止能源砂外露。

STEP 5

▲优先铺设前侧水草泥，可以防止能源砂滑坡和外露，影响正面的观赏效果。

STEP
6

▲铺设水草泥，根据景观的不同，水草泥的铺设高度也不尽相同。本次是平底床，厚度3～5cm，后侧高度为7cm左右。

STEP
7

▲使用毛刷平整底床泥土，可以更容易地搭建骨架和种植水草。

STEP
8

▲挑选合适的石材，注意：石材要进行洗刷，去除表面的灰尘，避免藻类滋生。本次造景选用青龙石，挑选石材尽量选择沟壑纵横的石材，使用起来会更加得心应手。

STEP
9

▲放置石材，首先选择合适的主石，根据自己的喜好调整石材位置。

STEP
10

▲适当地添加小型石材，完成整体骨架的搭建，可以丰富细节，增加自然感和景深效果。

STEP
11

▲用喷壶喷水打湿水草泥，准备种植水草。

STEP
12

▲本次开缸前景草选择矮珍珠，种植水草时，使用水草镊，夹住水草底端大概 1/3 的位置，以倾斜的角度插入水草泥，这样可以有效地减小小水草的浮力，避免加水后漂浮。

STEP
13

▲将前景草均匀地种植在预想的区域，每一小搓水草种植间距为 1.5 ~ 2.0cm，这样更有利于水草的生长。种植耗费时间比较长时，记得偶尔喷水防止水草干燥，以免影响成活率。

STEP
14

▲中后景部分选择种植大红叶、绿宫廷和红宫廷，种植方法相同。

STEP
15

▲种植完成后，可铺设塑料袋，并缓慢注水。

▲完成整体造景工作。

▲安装灯具、瀑布过滤器、二氧化碳系统、加热棒等器材。

▲开缸前期，水草造景缸内微生物的净水能力还未能建立，所以 1～2 周内，需每天进行换水，每次换水 1/3，两周后可以延长到每周换一次水。

一周左右时可以放入黑壳虾，数量 50 只左右。两周后放入几尾观赏的灯科鱼，如宝莲灯鱼和除藻类工具鱼小精灵鱼等即可。

圆形缸的
妙用

　　圆形缸或者说玻璃花瓶都是非常时尚漂亮的缸体，简单的一块沉木、几块石材，就可以轻松打造出一款属于自己的别致水景，深受年轻人的喜爱。接下来我们要使用玻璃花瓶展现水族景观的魅力。

STEP
1

▲ 选择喜爱的玻璃花瓶，尽量选择水体容积较大的缸体，本次选用的是圆柱形缸体。直径 25cm，高度 30cm。需要注意的是：在选择玻璃器皿的时候，首先确认玻璃器皿足以承受水体的重量，并且确认是否可以使用小型瀑布过滤器。

STEP
2

▲ 倒入能源砂和铺设基础肥料，以活化底床，避免底床腐败。

STEP
3

▲ 铺设水草泥，圆形玻璃器皿一般空间不大，所以一般都选择水平铺设水草泥，高度在 3 ~ 5cm 为宜。

STEP
4

▲ 平整完成底床，配置喜欢的流木。点缀小型石材，丰富细节，增加自然感。

STEP
5

▲ 使用骨架胶水连接石材和木材，防止杜鹃根漂浮。

▲使用喷壶喷湿水草泥，准备种植水草。

▲前景草选择趴地矮珍珠，并开始种植水草。

▲中景草选择迷你青椒，后景草种植红丁香水草。杜鹃根点缀迷你水榕，使用莫丝胶水粘贴固定迷你水榕。

▲水草种植部分完成，开始顺着流木缓慢注水，避免水流冲击水草泥，造成水体浑浊。若缸体不大，也可以使用喷壶加水。

▲加水完成，安装灯具和过滤设备。若没有过滤设备，则需要每天换水一次，每次换总水量的 1/3，保证水质清洁稳定。

苔玉的
制作

　　苔玉是一种通过不同植物组合搭配与苔藓完美结合的小型盆栽。形态优美的底座，不仅可以突出植物的特点，还可欣赏各种植物的形态之美。

　　可以制作苔玉的植物种类非常多，不同的形态和颜色点缀我们的家居空间，格外好看！制作苔玉也可以选择各种玻璃矮缸，如玻璃杯、沙拉碗进行培育。

准备硬件材料：苔藓、植物、手套、喷壶、培养器皿、塑料袋、水草泥、赤玉土、水苔、剪刀、镊子、鱼线（绿色棉线）、铁丝、小水桶。

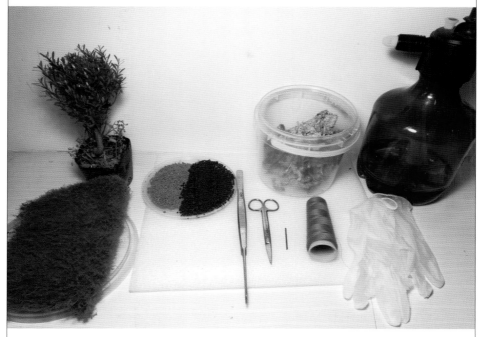

STEP
1

▲将有一定黏性和保水性的水草泥和具有透气性颗粒较大的赤玉土按照7：3的比例混合。若是环境比较干燥或者是北方地区，可以混合加入一些水苔。水苔不仅吸水性特别好，透气性也绝佳。

STEP
2

▲用喷雾器一点儿一点儿加水，搅拌、揉搓。

STEP
3

▲戴好一次性手套，并揉搓挤压成如黏土一样的不松散状态。

STEP
4

▲将喜欢的植物小心地从盆中取出，尽量不要伤到植物叶片和根部。

STEP
5

▲小心去除植物中原带的土壤，要点：可以用左手托住植物，右手一点儿一点儿地抠除多余土壤，保留少量即可。

STEP
6

▲把塑料袋剪开，在工作台上铺好，把混合好的土壤压成圆饼形状。

STEP
7

▲把植物放在摊开的泥土上，确保土壤足够包裹植物。

　　　　　　　一缸一景一世界　从这本书爱上水景缸

▲双手将塑料袋合拢，将包裹植物的土壤攥成球形，压实。

▲确认大小，可以适当地增加土壤，以达到预期大小。要点：将新添加的泥土和原有基质球攥成一个，充分地融合成一体。

▲将准备好的苔藓铺开，绿色是外表面，朝向桌面，褐色朝上，将半成品的苔玉放在苔藓中央，确保可以包裹住苔玉球基质。

▲把苔藓贴在泥土上，用力攥紧，使苔藓紧紧地贴在苔玉球上！若有空隙裸露黑色土壤，可以填补苔藓。要点：用稍大于缝隙的苔藓贴补缝隙，将新增苔藓贴到缝隙并挤压紧贴缝隙。

STEP
12

▲通过挤压，使苔藓完全地贴合
球体。

STEP
13

▲确认苔藓和泥土贴紧后，使用
鱼线或者绿色棉线把苔藓缠绕包裹在
基质球上。

STEP
14

▲在缠绕棉线时，可以用手托住
苔玉球，用棉线从各个方向缠绕苔玉球，
确保棉线均匀地缠绕在苔玉球表面。

STEP
15

▲缠绕的标准以线覆盖苔藓不松
散即可，不要缠绕过紧过密。

STEP
16

▲用钳子把铁丝剪断，长度在
3cm 左右即可，弯成 U 形的鱼钩形状。

一缸一景一世界 从这本书爱上水景缸

▲修剪掉多余的线头，我们的苔玉球就制作完成了。

▲将鱼线或棉线缠绕在 U 形铁丝上，并打个结。

▲将完成后的苔玉球放在装满水的水桶中，水面高度以没过苔玉球为准，浸泡 5 分钟，让苔玉球植物和基质吸足水分。

▲将带着线的 U 形铁丝插入苔玉中，底部最佳，可以完全隐藏。

▲准备培育器皿中，并加水，水位高度以没过苔玉球 1/5 为准。也可加入部分砂砾进行美化，若要外出，可以增加水位至苔玉球的 1/4 左右即可。

▲放入苔玉球，3～5天后补充少量纯水，保证水位，使水分充足。

要点：要保证水质干净，夏天可2～3天换水一次，每周浸泡一次；冬天则移入室内，并减少水的补充，以便安全越冬。

佗玉的
制作

漂亮的玻璃器皿可以制作出很多漂亮的作品！除了苔玉，我们还可以玩盆栽式佗（坨）草造景，主要培育水草，是一种有趣的水草水上叶的培植模式。

水草大部分都是两栖植物。不同形态的水上叶，颜色各异，干净清爽，可以使我们更直观地感受水草的魅力。

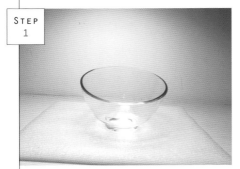

STEP
1

▲选择喜欢的培养器皿，可以选用雅致的陶瓷培养皿，也可使用玻璃材质的沙拉碗等进行培育。

STEP
2

▲和水景缸一样，铺设能源砂，可以适量加入基肥。

STEP
3

▲佗玉造景也需要添加一些轻石，增加透气性。

STEP
4

▲最上层使用水草泥，厚度在3cm 左右即可。

STEP
5

▲使用喷壶打湿水草泥，准备种植水草。

▲使用水草夹子种植水草，夹住水草底端大概 1/3 的位置，以倾斜的角度插入水草泥中。

▲若是感觉单调，可以适当地添加小型石材或者沉木，增加景观的美观和丰富度。

▲种植水草的同时记得喷水，防止水草干枯。

▲可以选择水草，也可选择喜欢的水陆植物（盆栽类）。本次选用的植物为天湖葵和趴地珍珠以及大红叶、宫廷草、菖蒲。

▲种植完成后，开始注水。注水高度和培养皿的高度一致即可。

▲水上叶的培育和佗玉相同，避免阳光直射，可以使用灯具并添加定时器，每天定时开关灯具，保证每天植物生长所需的光照和正常的生物钟。

▲前期保证每天换水一次，避免滋生细菌导致养育失败。每周可以在换水时加入一定计量的液肥，保证水草茁壮生长。

▲前 3 天可以使用玻璃罩或者保鲜膜增加湿度，这样可以增加植物成活率。

总结：家居水景的玩法众多，选择自己喜欢的造景模式去制作就可以。对于新手来说，建议首选水下的造景模式去培育自己的水景缸。稍有经验后可以尝试其他模式。

完成水草造景后，仅仅是打造家居景观缸体的一个开始，距离成景还需要一定的养护和等待。那么如何维护我们的景观缸体呢？这是我们下一个阶段学习的重中之重！

第八章
如何长久地维护你的水景缸

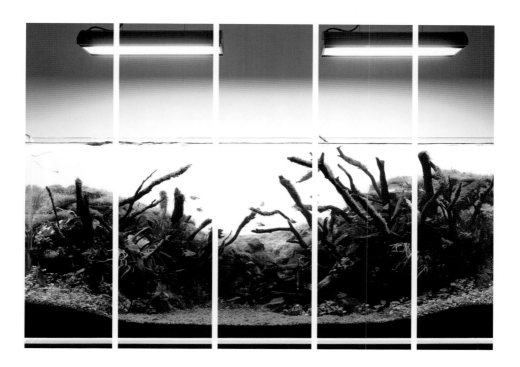

当我们怀着喜悦的心情制作完成一个景观缸体时，只是完成景观缸体的第一个阶段。

无论何种美丽的景观，都会随着时间的流逝、水草的生长而改变。为了维持水景的最美形态，或者说水草的最佳状态，离不开合理的养护。

景观缸体的养护分为两个部分：硬件的维护和水景的维护。在进行景观缸维护前，首先要了解自己的水景缸。

水草造景缸分别由以下几个部分组成：水草专用灯具、景观缸体、过滤设备、内置加热棒、二氧化碳补充设备、降温风扇等。

水景缸
硬件设施的维护

一缸一景一世界 从这本书爱上水景缸

⋮水草专用灯具

　　水景缸的照明灯具是按照植物的生长习性而专门研发的专用照明设备。在使用过程中需要注意：勿将缸中的水溅射至灯具上，避免发生短路或影响灯具的使用寿命。

　　景观灯具中的卤素灯和荧光灯管都有光衰期，应当在使用 1 ~ 2 年内予以更换。

⋮过滤设备

　　过滤桶作为造景缸体的过滤设备，是对缸体水质稳定的充分保障，非维护期间请勿将电源主动拔下。长时间关闭过滤循环系统可能会引起水质恶化以及过滤设备中的益生菌大量死亡，从而危害景观缸体中已经生成的生态系统，造成水体崩溃、发白、发臭等现象。

平时应注意过滤设备的进水口应低于水面位置，防止空气进入，从而影响过滤设备的水泵寿命。另外，过滤桶中滤材的清洗周期以 6 ～ 12 月为宜，在清洗滤材时请务必使用原缸内的水清洗，冲刷几遍就好，避免硝化系统崩溃。

加热棒

造景缸体中使用的水草多为热带和亚热带水草，其中的观赏鱼也多为热带观赏鱼。在冬季，加热设备必不可少，作为目前市面最普及的加热设备——加热棒，在使用过程中请注意以下几个方面：

1. 请正确摆放加热棒。使用过程当中，加热棒头部朝上、尾部朝下，将加热棒整体放入水中并且固定于缸壁。若暴露在水面之上加热，会造成加热棒炸裂。
2. 注意加热温度。第一次使用时应当先测试加热棒的温控是否正常，避免过度加热造成动植物的死亡。切勿将加热温度调高至 28℃以上，这样会导致部分水草的死亡。当水温低于 18℃时，需要及时开启加热棒，将水温维持在 24℃最佳。
3. 加热棒在空气中切勿通电。因为其在空气中升温极快，轻则烧坏加热棒，重则炸碎玻璃或烧伤手。即使断电后也不能立刻从水中拿出来，这时候的温度也是非常高的，同样容易烫伤人和烧坏加热棒。
4. 换水时加热棒必须断电，以免水位过低露出加热棒，导致干烧炸裂。
5. 加热棒与温度计要配合使用，不能只看加热棒的指示灯，还要看温度计上显示的温度指数。
6. 加热棒属于消耗品，使用 1 ～ 2 年最好给予更换，避免器件老化，造成温度不准。

二氧化碳补充设备

植物生长需要不断地消耗二氧化碳来进行光合作用，水景缸尽量配置一套二氧化碳补充设备，从而保证景观缸体当中的水草可以健康生长。当二氧化碳罐的压力表指示为 0 时，需要及时更换，保持二氧化碳系统的正常运作，为水草的生长提供有效的保障。

在日常维护期间可以观察二氧化碳细化器是否正常工作。细化器若出现绿斑或堵塞，请及时进行清理。可以在细化器正常工作期间，先使用84消毒液浸泡，然后使用清水浸泡5分钟，再放回缸体。夜间尽量关闭二氧化碳设备，避免鱼虾缺氧致死，可以搭配定时器使用。

进出水配件

过滤器自带的原装塑料进出水配件往往带有颜色，影响我们的视觉感官，所以进出水配件也是我们经常选购的配件。主要有玻璃进出水配件和不锈钢进出水配件两种，两款进出水配件各有优劣。

玻璃进出水配件

玻璃进出水配件是最受欢迎和最美观的进出水配件。整体通透，形态优美，各种不同的造型都有独特的功能性。缺点相对也明显，过长时间使用会有藻类滋生，需要及时清理。玻璃制品在通透的同时也因材质所限制相对较为脆弱，所以在使用时一定加以小心，避免断裂划伤手。

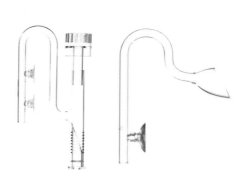

不锈钢进出水配件

　　不锈钢进出水配件也是很多玩家的选择之一，造型基本大同小异，材质为不锈钢，所以非常安全耐用，长时间使用内部附着藻类也不会突显。缺点也十分明显，颜色较为显眼，不透明，所以看不到明显的藻类，但也需要在使用一段时间后进行清理。

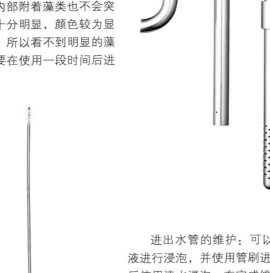

　　进出水管的维护：可以用水稀释 84 消毒液进行浸泡，并使用管刷进行清洁。完成清洁后使用清水浸泡，在完成维护后安装即可。

水景缸的
日常维护

　　在前面我们已经讲过水草造景缸是一个半稳定的生态系统，需要一定的维护才能保持最佳状态。所谓"日常维护"，指的是换水以及修剪等工作。

⦙水景缸的维护

观察

首先，观察水草的生长情况，确认水草是否需要修剪、是否生长不良、是否需要添加液肥。其次，观察水草缸内的底床情况，确认水草泥粉化是否明显、是否需要清理底床表面、是否需要添加适量的水草泥。第三，观察水草缸的缸体表面、进出水的器材表面有无藻类滋生，确定是否需要清洁过滤桶的进出水管。最后，观察二氧化碳瓶的压力表数值，如果数值低于500，则需要准备更换二氧化碳。

在观察水草的同时，可以先投喂观赏鱼，这是一个小技巧。维护完成换水时也可以将未吃完的饵料抽出，一举两得。避免过多的饵料造成水质恶化和导致过滤压力过大。

关闭电源

维护水景缸时一定要关闭过滤桶、加热棒和降温风扇的电源。防止过滤桶和加热棒干烧造成设备损坏。

准备维护工具

维护中要用到的工具：水草夹、剪刀、牙刷、管刷、刮藻刀、渔捞等。

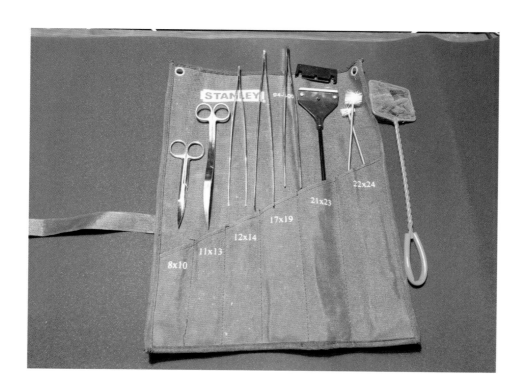

清洁缸壁

使用刮藻刀清洁缸壁时，注意使用方法。刮藻刀与缸壁呈 30° 夹角时效果最好，最省力。在进行除藻工作时，也可观察水草的生长状态，检查是否需要修剪，是否有藻类，是何种藻类，是否需要进行手动清理。

修剪水草

若水草需要修剪，确认好需要修剪的水草种类。修剪要有一定顺序，先修剪前景水草，再修剪中景水草和后景水草，最后修剪莫丝类水草。莫丝类水草一定要最后修剪，因为莫丝类水草都有沉水性，会遮挡视线，造成前景草难以观察。换水的时候再把散落的莫丝类水草抽走即可。

前景草的修剪：修剪前景草时建议使用小弯剪，如果水草厚度超过 3cm，可以用水草剪刀修剪，保持 1cm 左右的高度进行修剪。

一缸一景一世界　从这本书爱上水景缸

例如趴地矮珍珠，整片的趴地矮珍珠就如一片绿色的天鹅绒地毯，翠绿色的光泽总能令人眼前一亮。当趴地矮珍珠生长过于茂密时，下层的草则会因无法照射到光线而枯黄腐烂，因此，当趴地矮珍珠生长厚度到3cm左右时，便可以进行修剪。直接贴紧草皮，将上层叶片修剪掉即可。修剪水草并不会造成水草的损伤，反而会促进水草的健康生长，所以不需要担心。

中后景草的修剪

修剪中后景草时可以将叶片稀疏、破损和发黄的水草从中部剪断，然后将老的根茎拔出，将修剪下来的顶部水草重新种植入相应的位置。椒草和水榕类，剔除发黄老叶片即可。

修剪莫丝类水草时，建议使用弹簧剪，贴着莫丝捆绑的素材表面进行修剪，过厚的莫丝也可以手动摘除。

更换水体

使用水管或者换水器，更换水景缸中1/4 ~ 1/3的水体。换水时可以清洁底床的残留水草叶片和污物，并吸走修剪残留的莫丝类水草的碎叶。换水完成后可以用渔网将修剪后浮于水面的叶片打捞干净。

清理藻类

可以使用刮藻刀清理水景缸玻璃表面的藻类，若发现其他藻类可以针对性地处理，可以选择换水时手动清除或者添加除藻剂进行治理。

清洗过滤桶

若过滤水流变弱或需要清理过滤桶时，将过滤桶电源关闭，把进出水管从水草缸中拿出。可以将过滤管放入稀释后的 84 消毒液中浸泡，然后使用水族专用管刷将管壁内的污物刷除。洗刷完毕后，放入清水当中反复漂洗 4 或 5 次，将 84 消毒液残留物清洗干净，即可安装使用。

清洗过滤桶中的滤材时一定使用缸内换出的水，滤材清洗则按照轻度清洗表面、滤棉更换一半的原则进行，防止过度更换和清洗滤材破坏原有滤材当中的硝化系统。

连接器材，添加液肥

在完成以上步骤后，将之前清理的硬件设备器材重新连接安装并通电，此时可添加液肥。通常液肥的添加在维护完成之后，每周添加一次。若水草生长状态不佳，可以每周添加两次，即三天添加一次。

水景缸器材
常出现的问题

加热棒

加热棒按照材质一般分为玻璃加热棒和不锈钢加热棒。

使用方法：只需将加热棒完全置入水中后，接通电源加热即可。调温加热棒需要根据缸体需求进行温度设定，当到达额定温度后，加热棒会自动断电，停止加热。一些比较高档的加热棒带有离水断电的功能。注意加热温度，第一次使用时应当先测试加热棒的温控是否正常。

加热棒使用注意事项：在使用过程中，需要将加热棒整体浸入缸中。目前售卖的加热棒一般分为玻璃加热棒和不锈钢加热棒等，无论哪种加热棒都不可离水加热使用，谨防干烧，出现损坏及炸裂情况。

定时器

定时器一般分为机械式定时器和电子式定时器两种。

使用方法：一般常用的定时器为电子定时器，在使用前需要了解定时器的具体使用功能，部分定时器为循环定时器，注意区分不同定时器的功能性。一般的定时器最小计数时间单位为分钟，在使用时需要先设定定时器的标准时间，然后再设定通电时间和断电时间即可。通常这些定时器可以支持8 ~ 10组的定时时间。在设定的通电时间内，定时器会实现自动开关的功能。现在比较先进的互联网定时器均采用 APP 控制，使用起来会更直观、方便。

定时器使用注意事项：在使用过程中，需要注意定时器的额定功率，过大的功率会造成定时器的损坏。使用过程中谨防定时器进水，防止意外情况的发生。

过滤桶

过滤桶一般分为自排气式和手动排气式过滤桶。

过滤桶的使用方法：一般在使用过滤桶前需要将过滤材料按照一定的顺序摆放入过滤桶内。部分自排气式过滤桶可以先将桶内注入水，并将过滤桶的进水口和出水口接入水草缸内，检查无误后，接入电源，等待过滤桶水体循环，将过滤管内的气体排出即可。手动排气式过滤桶，在进、出水口都接入水草缸后，可以按压桶身上端的排气按钮，通过气体按压，将缸体内的水引进过滤桶，等待过滤桶内被水草缸中的水注满后，将过滤桶接入电源即可。

过滤桶使用注意事项：在通电前一定要观察过滤桶内是否注满水，防止过滤桶出现干烧情况，转子（过滤器电机的工作部分）一旦损坏，对过滤桶将造成永久性的损害。在进行排气时，需要将进水口完全没入缸体的水中，防止水位低于进水口，将空气吸入过滤桶当中。

水草灯

水草灯一般分为卤素灯、荧光灯、LED 灯等几种。

使用方法：将灯具放置于景观缸体顶端适宜的高度后，接入电源，打开水草灯照明即可。也可使用灯架安装灯具，或吊灯式安装，并搭配定时器使用。一般水草灯的照明时间以每天 6 ~ 8 小时为宜。

灯具使用注意事项：卤素灯（金卤灯）不可短时间内快速开关，会造成灯泡永久损坏，在使用过程当中卤素灯的灯泡温度极高，禁止用手触摸灯泡及玻璃挡板，谨防烫伤。荧光灯在使用时

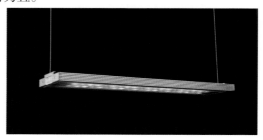

不可短时间内快速开关，会造成荧光灯两端变压器的损坏，使用时虽然温度不及卤素灯的温度，也会造成烫伤情况的出现。卤素灯和荧光灯使用一段时间都会出现不同程度的光衰情况，建议一年左右更换一次。

二氧化碳供应系统

二氧化碳供应系统一般分为抛弃式和循环式两种。

根据材质又可分为钢瓶、铝瓶、DIY 自制等。抛弃式二氧化碳供应系统，美观小巧，但成本高昂，不能循环使用。循环式二氧化碳供应系统则体型较大，相对笨拙，但其性价比高，可长期循环使用。

二氧化碳的存储瓶器中，钢瓶是使用最多的一种，一定要选用大厂制造的，并检查安全证书。铝瓶相对钢瓶，外观更加美观，但售价也更为高昂，选用时也要仔细检查安全证书。DIY 自制瓶体有两种，早期 DIY 的瓶体为各种饮料瓶，每次更换反应原料时一定要更换新的"饮料瓶"，避免炸裂现象。现在的 DIY 反应瓶也有铝质的，较为安全和美观，但价格相对较高。

二氧化碳的使用方法：二氧化碳使用前需要按照二氧化碳瓶、减压阀、止逆阀、计泡器、细化器的顺序安装，安装完毕后可以旋动钢瓶顶部的开关阀，此时减压阀的压力表会显示瓶内气压数值。将细化器置入水中后，再打开减压阀，根据计泡器的二氧化碳出泡速度来调节二氧化碳出气量。

二氧化碳使用注意事项：在使用过程中谨防止逆阀"装反"的情况发生，使用前应仔细检查二氧化碳瓶的密封性和安全证书。同时使用过程中远离火源和高温产品，防止意外情况发生。

水景缸的光照、换水和
观赏鱼的喂食

⦂光照

　　水草的生长需要一个合理光照时间，过长或者过短的光照时间都会对水草的生长产生不良影响。一定要将水景缸的照明时间固定在每天的统一时间段，如有操作不便可以购置定时器辅助开关灯，来保证水景光照时间的充足。每日光照时间应控制在 6 ～ 8 小时之间，同时水景缸在摆放时要避免杂光和太阳光直射，这些外部的光源会引起不必要的藻类生长。

光照的时间该如何调控呢？

开缸第一周，可以将光照时间调至每天 6 小时，第二周增加至每天 7 小时，第三周增加至每天 8 小时。这样可以有效地避免前期藻类的产生。

⋮ 观赏鱼的饲喂

水草造景缸中一定要添加观赏鱼。那么这些可爱的小鱼该如何喂食呢？喂多了鱼也会撑到，当多余的食物残渣沉入水底后，会发生变质影响水质，更危险的是会滋生细菌，让健康的观赏鱼、虾生病甚至死亡。

每次喂食多少合适呢？

建议 1 ~ 2 周喂食一次，每次喂食饲料以在 1 分钟内被鱼吃完为准。喂食的时间可以选择在换水的前 2 天或换水前进行。

⦂缸壁清理

水景缸体是一个半稳定的生态环境，也会有藻类产生，这时就需要我们手动清理一些藻类，来维持鱼缸表面的整洁。使用专业的缸壁刮藻刀可以将缸体内壁附着的藻类清理干净。

何时进行刮藻工作呢？

发现缸壁有藻类出现时即可使用刮藻刀进行清理工作，同时要在换水步骤前进行刮藻作业。

⦂换水

作为一个半封闭的生态系统，也需要我们添加新水进入其中，以维持整个系统的平衡。生物的生长和粪便分解之后会产生养分，水景并不能完全吸收这些养分，会导致水体中的养分不断增加和累积。这时需要我们更换部分水景缸中的水来保证水质的稳定，减少养分的累积并抑制藻类的出现。

换水间隔过短或者过长都会产生不利的影响，以每周更换总水量的1/3为标准，同时避免大规模换水（超过缸体1/2），避免硝化系统崩溃。如果水景缸当中蒸发的水量过多，可以每日适当添加水，以免过低的水位影响器材的使用寿命。但是补水，并不等于换水，补水后，每周的换水还是必不可少的

在换水的过程当中，一定要将加热棒、过滤桶的电源拔下，防止意外情况的发生。同时换水并不是单纯地换水即可，在换水的同时还要吸除底床的垃圾，也可以在换水的同时手动清除明显的藻类。

水草病害的
预防

　　水景缸的日常饲养和操作中，总会出现一些或多或少的问题。例如：养殖的水草前段时间一直很好，可是在最近的一段时间内突然大量死亡。是什么原因呢？不同的情况会使水草遭受不同情况的损伤：有些是物理性的人为损害，有些是营养缺乏性疾病，有些则是细菌性疾病造成的。各种因素都会导致水草的状态不佳，出现各种病症，使观赏程度大打折扣。

　　我们应该如何规避和解决这些问题呢？

　　我们需要了解水草的生长方式，不同的水草具有不同的生长特性和形态特征。部分水草生长速度比较突出，"阳性水草"一般比"阴性水草"生长快。很多时候我们都可以在第二天观察到水草的生长，感受到水草的生长速度。（阳性草，大多数的浅绿色和红色系水草基本都属于阳性水草，对光照和二氧化碳都有一定的要求。阴性草，莫丝类水草和大多数深绿色的大叶水草基本都属于阴性水草，对光照和二氧化碳的需求比较弱。）同时水草的颜色状态也是我们判断水草是否健康的标准之一。

每种水草都具有不同的颜色，我们养殖的水草所展现出的颜色基本上从红色到深紫色都能够覆盖到，水草叶片的颜色也是我们区分阴性水草和阳性水草的方法之一。水草疾病的征兆，往往都是先从颜色的变化开始的，比如说出现不正常的色泽变化，如黄色、褐色等。大部分水草的叶片在健康时都是平整、舒展的状态。除了某些形状特殊的水草，虽叶片本身形状各异，但是在光照充足时，仍然会尽量的舒展叶片，来接收光照，这是生物进化的结果。卷叶、扭曲、下垂、倒伏的叶片，是不可能有效承接光照的。这往往是水草出现病症的先兆。大多数水草叶片在白天被阳光照射（开灯）时会打开，吸收光照进行光合作用；晚上（关灯）会将叶片闭合，减少能量的消耗，这同样是水草"活着"的表现。

　　水草的顶芽是其生长活动最为旺盛的部位。通过对顶芽生长状况的观察，往往可以判断出水草的健康状态。顶芽也是水草生命力最为顽强的部位，一旦顶芽生长出现危机（例如缩顶、白化等），也就意味着水草的生存受到了严重的威胁。

　　许多饲养水景缸的朋友，多多少少都会在意水草的"冒泡"现象，并且大多数人都认为这是水草健康的表现，实际上真的是这个样子吗？

　　事实可能会让我们失望。水草"冒泡"现象，其实只是植物光合作用的一个结果（这仅限于饲养相当长时间的水草，如果刚刚种植后的水草产生冒泡现象，则表示这是在适应新的环境），它并不能完全代表水草的状态和光合作用的强烈，只是代表光合作用所产生的氧气有部分不能被植物自身利用而逸出。

　　光合作用的氧气不能被全部利用，会有两种可能：一是产能太高，二是水草本身"消费"太低。前者是健康的，而后者则是十分危险的。所以说，水草能冒出很多泡，并非都是好的现象。

水草的繁殖方式主要有无性繁殖和有性繁殖两种，一般来说，我们能看到的都是无性繁殖。水草的侧芽生长、走茎、"地下根"等都属于无性繁殖的表现形式。值得注意的是，这些无性繁殖的表现方式并不能完全代表水草的健康状态，有时候也可能是水草生长条件不良下的一种选择（比如气生根等）。

　　植物的繁殖离不开"根"和"茎"。根和茎都属于植物的营养器官，但水草在漫长的水下生活中"根系"发生了退化，部分水草根系的作用更多的是扎根和固定本身。很多水草具有了从"茎"和"叶"吸收养分的能力。

　　对于大部分有茎类水草来说，仍然可以从根部吸收营养（某些水草对根部的依赖会更加严重，例如水兰、皇冠类水草等都具有发达的根系）。一般来说，水草的根部都是生长在底床当中，而攀附性水草的根部大多退化成为固定的水草本身的"附件"，属于特殊情况。一旦有茎类水草在底床之上生长出"气生根"，则代表底床内根部所吸收的养分已经不足以支持水草自身的生长了，需要及时添加液肥。

水草出现
疾病的原因

　　水草状态不好多数是缺乏养分或水质环境剧烈波动导致的，而感染性的病害例如真菌、细菌、病毒等导致的疾病则比较少。水草死亡的主要原因是管理不善导致水质恶化。软体动物及鱼类的伤害也会使水草表现出各种各样的症状。一般有以下几种常见的病症。

⁝缺乏性病症

缺乏性病症，或者说营养性疾病，简单地说就是"营养"不良，这也是在水景缸中最常见的水草"疾病"。水草除了光和二氧化碳外，还需要肥料，才能正常生长发育，所以营养性疾病是最常见的水草疾病。水草的生长需要各种各样的营养物质，主要有碳、氧、氢、氮、钾、钙、镁、磷、硫、氯、铁、硼、锰、锌、铜、镍和钼等 17 种元素，缺乏任何一种元素，都会出现不同的病症。

缺乏性病症对照表

病症	原因
水草停止生长或枯萎	水温低于 18℃ 或高于 30℃，二氧化碳、光线、肥料或水温的供应不足或不符合水草所需；水环境急剧变化；水质硬度过高或 pH 值超过 7.3 以上，阻碍水草对养分的吸收；水草缸中的沉木释放出过量的啡色，影响光照
植株矮小，生长缓慢	镁元素不足，需补充液肥和微量元素
褪色，茎秆叶片稀疏，出现气生根	光照不足，肥料不足
叶片呈枯黄色、透明状而叶脉出现白色条纹变光滑	铁元素不足，阻碍叶绿素的形成，导致叶片失绿
叶片出现白化，叶脉仍呈绿色	长时间缺乏锰元素所导致的现象，添加微量元素肥料即可迅速解决这个问题
叶片淡化、白化	氮肥长期缺失；pH 值高，水质呈现碱性，导致植物无法吸收养分；或者是缺少钾、铁、镁等元素导致
新叶、顶叶、侧叶出现萎缩或生长畸形	可能是水质的硬度不够，水质偏软，尤其是中柳、红柳等在水中硬度不足时，反应最为激烈，此类水草可作为水草缸中测试硬度的指标水草。此外缺乏钼或钙元素时，也会产生顶叶萎缩、畸形等病态
叶尖及叶片边缘崩裂	钾元素缺乏，补充钾肥即可
叶片弯曲、卷叶	缺乏铜元素时，叶片不能平坦伸展而呈弯曲状；缺乏钼元素时，叶片易变成卷筒形
叶片破损	铁肥过量导致，温度剧烈变化、温度过高导致溶叶
嫩叶、新叶叶面出现小孔洞	鱼类和蜗牛啃食导致
叶片上有白色石灰状沉淀	突然停止供应二氧化碳造成二氧化碳同化作用过强，使碳酸钙沉积于叶片上所引起的症状

一缸一景一世界 从这本书爱上水景缸

叶片暗绿色	肥料使用过量或鱼饲料产生的氮肥过多所致
叶片有咖啡色小斑点	钾、镁元素欠缺或氮、铜元素过量都可能使叶片产生啡色小斑点
叶片溶化	缺乏铁、镁、铜元素或水温长时间过高，温度骤变，高温长达一周以上等因素
叶脉硬化	水草磷含量超过 0.15mg/L 以上时会与水中的铁形成磷酸铁并沉积于水草体中，造成叶脉硬化
叶片茎呈半透明状且于 3 天内脱落溶化	水中氮含量过高或铁肥过量，抵销了其他重要的微量元素所引起
植株初期有一小段呈半透明状，后转为全透明，最后整株断裂	修剪水草或运输中不慎将茎枝折断，移植于水中后受伤部位逐渐腐烂，或者是水中缺乏钾元素温度剧烈变化所造成

⋮环境恶化

环境恶化是指水质、温度等向恶性转变，其中水质包括 pH 值等水质指标。水草具有一定的适应能力，在水质不理想的情况下也会"存活"，但不能健康地生长，所以每周的换水、维护等工作不可减少。

⋮病菌感染

在外界条件极为恶劣的情况下，水草自身的免疫力会下降，易导致病毒、细菌的入侵。经过一连串恶性循环后，就会导致生长状态不佳，甚至死亡。所以在种植水草时，要进行水草的挑选，选择优质的水草种植，损伤严重的剔除，防止腐烂恶化水质。

水草遭到病菌感染的原因及途径

病原的入侵：大多数的病原都是由外界带入的，如新买回来的水草、鱼虾或投喂的活饵等都可能夹带病原体进入缸内。

寄生水草：病原会由水草表皮、水草上的伤口侵入水草体内。水草的伤口是许多病原入侵水草的必须途径，伤口会提供营养物质，加速病菌的生长。

水草产生病症：水草感染病原后，未必会即刻发病，部分有一段潜伏期，才会出现病症。有的病原会吸收水草的营养，或干扰水草细胞的活动，使水草产生枯化、叶斑或腐烂等症状。

病原的散布：病原在缸体中的扩散方式，通常是由发病的植株将病原散布出来，形成新的感染源头。

水草感染性病症的预防

避免病原进入：新买的水草需要预先过水消毒，避免将外来的病原带入缸体内，水草的消毒可以使用除藻剂或者稀释后的高锰酸钾；不要投喂从野外采集回来或来源不明的活饵。

挑选并去除病株，防止病原蔓延：将受感染的部位剪除，或剔除病株重新植入新的水草，以防止病原扩散。

营造良好的生态环境：建立良好的水族生态环境可以使水草的抵抗力增加，水草在缸体中占据了生长上的优势后，就能杜绝病害发生。因为水草即使受到病原的感染，是否会发病及其发病的速率是受水中环境及水草健康等条件影响的。

使用药剂或紫外线杀菌灯：可利用药剂（各种除藻药剂等）或紫外线杀菌灯将水体中的细菌、病毒、藻类等杀死。

换水：首先，保证每周换一次水的频率；其次，自来水中残留的氯气具有杀菌的功效且换水可将水中的病原稀释。病原的浓度降低到某一程度时，便无法对水草造成感染，推荐使用纯水和自来水搭配养殖水草。

几种常见的水草细菌性疾病

细菌性腐败症

细菌性腐败症病变的特征是叶片黄化或枯死，长期无法生长繁殖，叶片会出现溶化、消失的情形。细菌性腐败症比椒草病菌强，感染速度快。病原可能是由新购入的水草或鱼带入缸体中，并在底床中快速繁殖的。

一般而言，生长良好的水草不易发生此病，只有在温度超过水草的适应范围，pH值剧烈变化时才会发病。发病时可将病变部分修剪剔除，并以20℃左右的低水温养植，防止病菌蔓延。

水草羊齿病

此病多发生在黑木蕨、青木蕨、铁皇冠等水生羊齿类植物。其病症叶片前期呈半透明状，然后枯死。羊齿病蔓延快速，健康的茎叶接触到病变部分会立即受到感染。通常此病在持续30℃以上的高水温下且缸中pH值较高或强光照射的情形下较易发生，可将受感染的部位修剪去除，并将水温保持在20℃左右作为治疗的方法。也可以，换水同时，抽出腐败区域水草泥和水草，通过更换水草泥，并重新补种，来治理（因此时腐败菌多繁殖进底床区，造成"养不活"现象。）

物理性损伤和生物类伤害

水草运输或者种植过程中不恰当的处理方法、鱼虾的啃咬、修剪的失误等，都会造成物理性损伤。

螺类啃食

螺类等软体动物是清除水箱藻类的帮手，但有时为了补充食源，螺类也会啃食水草。被啃食的水草，叶茎残缺不全，往往会影响观赏效果，受伤处也易被细菌感染。要合理饲养观赏螺或者减少观赏螺的数目。

鱼类损伤

一些种类的热带鱼在原产地均以水草作为食源。部分作为观赏鱼来饲养，虽然可以喂食人工饲料，但仍改不了食草的习性。所以，在缸体中避免养泰国鲫、八字娃娃等食草鱼类，部分鱼如金苔鼠鱼、皇冠泥鳅等虽不吃水草，但有掘穴的习性，因此也伤害了水草的根系部分。所以，在选择饲养前，要仔细了解各种鱼类习性，避免此类现象产生。

我们可以适当地做一个小小的总结了：

一般来说，"缺乏性病症"的影响都是缓慢的，在不断积累中逐渐"恶化"。在这种情况下，水草往往是状态不佳，若得不到有效的肥料补充，严重的则会死亡。如果能确认外界条件没有变化，且出现了水草的快速死亡，那么可能是我们忽视了细节，或者是某些条件发生了改变。

当然，在水草饲养中还要预防各种藻类。水草和藻类是相互竞争的关系，过多的藻类会影响水草的健康生长。藻类的快速繁殖也会影响整体美观，我们需要及时预防和清除，防止缸体内水草环境的恶化。

若长时间出门在外，导致水草状态差，可以通过换水、修剪、施肥和过滤清洗来应对，基本经过 2～4 周的养护即可恢复状态。若水草状态实在太差，也可选择"翻缸"处理。

一般情况下，翻缸是指整体否定缸体状态，剔除状态不良的水草，或者也可重新进行景观设计，重新制作景观。若只是部分水草不良，则可以剔除部分水草，重新种植。正常的换水维护、添加液肥，养护 1～2 个月即可恢复到最佳的状态。

⫶水草肥料

水草的生长过程也是水草自身与外界营养物质、能量的交换过程。水草除了对光、水及二氧化碳有最基本的需求外，还要从生长的环境中吸取其他养分，才能维持正常的生长。这些养分就包括了植物生长所需要的 17 种营养元素：碳、氧、氢、氮、钾、钙、镁、磷、硫、氯、铁、硼、锰、锌、铜、镍和钼。

根据需求量的不同可将其划分为巨量元素和微量元素。其中，植物对碳、氧、氢、氮、钾、钙、镁、磷、硫等元素的需求量较大，我们称之为"巨量元素"；对其他元素需求量较小，我们称为"微量元素"。无论是巨量元素还是微量元素，都是植物健康生长不可或缺的营养物质。

在封闭的水草缸中，这些元素的含量较少，所以必须额外添加，满足水草正常生长的需求。若不及时添加这些肥料，水中的营养元素很快就会被水草吸收殆尽，水草就会因为缺乏养分来源而不能健康生长，甚至产生营养性的疾病，严重时会枯萎和死亡。

氮肥

氮是植物细胞的重要组成元素，它活跃在植物体内多种生理活动的进程中，使植物保持旺盛的生命活动。因此，适当地增施氮肥，可促进植物地光合作用，延长叶的寿命。

一般在氮元素不足的情况下，植物体中含氮量降低，生长速度减弱，影响叶片的发育，叶片则呈现淡绿色。当大量缺氮时，叶片呈黄色或叶脉呈淡绿色，新叶明显缩小。氮素过多时，植株会发生徒长，容易倒伏。

水景缸中的"氮"以亚硝酸盐氮、硝酸盐氮、无机盐氮、溶解态氮及有极含氮化合物中的氮的形式存在于水中。水草吸收氮肥的方式因种类不同而有所区别。例如：椒草一类的水草可以直接吸收热带鱼粪便中的氨；而红蝴蝶、小柳等水草吸收氨时，则需要硝化细菌，将氨分解成硝酸盐才被吸收。水中硝酸盐过多，水草则无法吸收，而硝酸盐的浓度是随着鱼的粪便、腐烂叶的增多而增加的。所以要及时换水来降低硝酸盐的浓度，以求其他营养成分的平衡。

磷肥

磷在植物体中的含量仅次于氮和钾，一般在种子中含量较高。磷对植物的生长发育有着至关重要的作用，植物体内多种重要的有机化合物都含有磷。磷在植物体内参与光合作用、呼吸作用、能量储存和传递、细胞分裂、细胞增大等一系列过程。磷能促进植物早期根系的形成和生长，提高植物适应外界环境的能力。

磷缺乏时，水草的根部乃至整个植株的生长发育都将受到抑制，叶片表现为暗绿色或暗灰色；磷肥过多，可促进藻类大量繁殖，对水草的生长发育不利。所以，施用磷肥时，要适时适量。

钾肥

钾元素是植物生长所需量最大的元素之一，可以促进植物体内的碳酸同化作用，主要促进植物的光合作用。钾元素可以促进水草对氮肥的吸收，促进含氮化合物的形成，使植株生长健壮。

当缺钾时，水草下部分的叶片出现红紫色或红褐色的斑点，叶尖或叶缘开始变黄，此后逐渐变成褐色，植株"茎枝"的节间距也变短。除此之外，缺钾还会使新长出的嫩芽变淡、发白，抑制叶绿素的形成。因此，在施用钾肥时可以适当地搭配氮肥和磷肥，或使用综合型液肥，才能使水草正常地生长发育。

水草在水下特殊的生活习性，使水草吸收部分底床中的养分外，更多的则是吸收缸内水体中的营养物质。所以，水草所用到的肥料必须符合这一特性（水溶性），才能达到施肥的目的。肥料必须在水中有可溶解的特性，即液体肥料，这样的肥料才会有利于水草的吸收和生长。

钙肥和镁肥

钙元素是植物细胞壁的重要组成部分，主要分布在细胞壁、细胞膜、细胞核、细胞质以及液泡中。钙在细胞膜结构的维持上有重要作用，可以降低细胞膜的透性，稳定植物的细胞膜，并在细胞膜中作为磷酸和蛋白质的羧基间联结，起到纽带作用，在植物对离子的选择性吸收、生长、衰老、信息传递及抗逆性方面有着不可或缺的作用。

钙对于水草顶端分生组织的生长来说是必需的，缺钙则根尖停止生长。蛋白质的合成也离不开钙的参与，钙元素可以增加蛋白质的稳定性，促进植物的健康生长。

镁元素是植物叶绿素必需的组成元素，在植物体叶绿素、糖类、脂肪、类脂、蛋白质的形成和光合作用中起着非常重要的作用。同时镁也是多种酶的活化剂，可以促进水草的生长发育。

当植物缺镁时，植株矮小，生长缓慢，叶绿素的含量降低，叶片发黄，出现"失绿"病症。一般水草所需要的镁，其含量非常少，但也需要额外追加施用。

硫肥

硫是植物必需的营养元素之一，是植物体的重要组成部分。同时，硫也是植物体对巨量元素需求最低的一种元素，低于"巨量元素"且高于"微量元素"。硫参与植物体中所有的代谢功能和蛋白质的合成。若是出现硫元素不足，水草表现为叶绿素无法合成，水草会出现老叶枯萎发黄，逐渐蔓延至整体。

缸体内水生植物的硫元素来源于底床水草泥和外部添加，基本所有的液体肥料皆含有巨量元素，基本不会出现缺乏的现象。

铁肥

铁元素是植物进行光合作用必不可少的元素，当植物缺铁元素时，叶绿素不能正常合成并发生"失绿"病症，但叶绿素并不含有铁元素，只参与叶绿素的合成过程。植物在有氧呼吸中，不可缺少的细胞色素氧化酶、过氧化氢酶、过氧化物酶等都含有铁元素。此外，铁元素还参与植物体的呼吸作用。

铁元素虽然不是构成叶绿素的成分，却是叶绿素形成必不可少的成分。铁元素缺乏时，水草就会发生白化、透明现象，尤其是初期生长阶段的顶部幼芽出现的症状最为明显。例如：将一株原本状态良好的皇冠草移植到缺乏铁元素的新环境中种植，在随后的生长过程中，新生的叶片则会出现白化、透明现象，而老叶部分仍然保持原有良好的绿色状态。同时，在水族界，一直流传着"铁肥"是红色系水草发色的关键因素，其实并不然。红色系水草的发色需要充足的光照、良好的水质、丰富的二氧化碳和营养元素，才可以培育出最养眼的漂亮水草。当然，温度也是影响水草发色的重要因素之一。、

⋮水草肥料

上面介绍的这些营养元素都是植物生长所必需的营养元素。日常中，我们将种植水草时所需的肥料根据使用方式的不同，分为液肥、基肥、根肥、颗粒肥等几种。

液肥

以液体形式存在的营养性肥料，是将多种营养元素混合在一起研制而成的高效肥料，对水草的生长发育具有良好的效果。通常情况下，植物所需要的肥料由氮、磷、钾三要素组成，而氮、磷、钾及铁等元素都存在于土壤中，只有当土壤中缺乏某种营养时，才进行施肥加以补充。

水草获取营养的方式不一样，由于环境的局限，只能从水中吸收，而底床上不适合二次施加肥料，在水中添加液肥是最好的选择。液肥中的营养元素都是以溶解的离子形态存在的，这种形态的营养元素更加利于水草的吸收和利用。

常用的液肥有两种：通用液肥和微量元素肥料，二者是景观缸体不可或缺的肥料，搭配使用效果最佳。

基肥

一般底床以沙砾或水草泥为主，而它们所含的营养物质是一定量的，特别是氮、磷、钾等需求量较大的必需肥料。所以，在种植水草前，需要在底床中施加基肥，以利于水草的生长。

基肥是一种铺设在水草造景缸底层之下或者夹在底床中间的固体肥料，基肥中除了含有大量微溶性微量元素的无机盐，还有一定的缓释效果，有利于水草的根系吸收及生长。

根肥

根肥是开缸后期靠近水草根部施加的肥料，主要作用于植物根部。根肥和基肥作用是相同的，但是又有所区别。基肥是开缸初期添加的，不可二次追加。而根肥则是开缸后水草缺肥时使用，可以多次使用。根肥可以直接塞进植物根系附近，用于补充肥料。其多以条状、块状为主，添加使用简单方便。

质量优良的根肥拥有较强的肥性与缓释性，可以长期有效地释放植物所需要的各种元素，促进水草生根，还可改善植物状态。

一般而言，在水草造景缸当中，液肥是使用频率最高的肥种。根据液肥主要原料不同，可分为综合性液肥、微量元素、钾肥、铁肥几种。根据水草不同的状态添加相应的肥料有助于增加水草的生长速度和发色程度。基肥只能是在开缸时使用一次，而根肥则是开缸后期可以多次追加使用的固体肥料。只要定期在缸体维护完成时添加液体肥料，基本不用担心水草出现缺肥的现象。

常见的藻类及
治理措施

　　藻类是自然界中最多，同时也是我们水景缸内最常出现的物种。藻类也是主要靠吸收日光来制造食物的"植物"之一。藻类有各种不同的形态、不同的颜色、不同的大小和不同的繁殖方式。常见藻类有绿色、蓝色、褐色、黑色、黄绿色等不同的颜色。有的是单细胞结构，有的呈现分枝或不分枝丝状体，或枝状、叶状等。

藻类本体组织简单，除"蓝藻"等藻类外，大部分藻类没有细胞壁，没有根、茎、叶等，体内也无维管束以疏导水分和养分，所以不属于"植物"。

　　各种藻类的"植物体"有许多不同的表现形式。综合分类可以分为以下几种形态：不定型、游动型、静止黏合群体、静止单细胞型、丝状体、管状、膜状、半组织型等。

　　藻类的生殖和其他植物体相比有许多不同的方式，综合而言，可分为无性生殖和有性生殖两大类。无性生殖可以再分为两种：一种是细胞分裂，另外一种是产生孢子。有性生殖指先由母体产生配子，单独一个配子不能生长成子体，必须要有两个不同性别的配子结合，才能生长成新的藻类幼体。

⦂常见的藻类

在水景缸中，藻类是我们最头痛的问题。但不需要担心，只要我们进行区分和针对不同的藻类进行不同的治理即可。在景观缸体中，我们会碰到的藻类大致有以下这些：

褐藻

褐藻也可以叫"矽"藻，因颜色呈现褐色而得名。它的细胞大多只有一个细胞核、一个或数个液泡、一枚或多枚色素体。色素体中含有叶绿素，但因含有大量的胡萝卜素，所以长成黄绿色或金褐色。光合作用的产物是脂肪油，常在细胞内累积成较大的油质。细胞的形状基本上是长方形或椭圆形，植物体为单细胞连成的群体，呈棕色。褐藻常常附着于水草、沙子、岩石，或缸壁上。量多时甚至会使水质变色。在富含磷及氮肥的水质中，它的繁殖能力更强，而且迅速。其常见于开缸初期和过滤系统不足的景观缸体之中。

治理措施

可以通过使用刮藻刀快速清理玻璃壁上的藻类，同时可以通过添加硝化菌、增加换水频率、减少鱼类的喂食、添加黑壳虾和工具鱼的数量来进行治理。

绿水

在水景缸中，水体变得浑浊，并逐渐出现绿色，这是我们俗称的"绿水"现象。绿水是由多种不同的单细胞绿藻引起的，如小球藻、衣藻等，多数以小球藻为主，在受到较多的阳光照射时、换水次数过少时、鱼类饲养密度过大时、喂食量过大时、水质过"肥"时出现。这些也是造成绿水的主要原因。

治理措施

避免阳光照射，减少灯光照射时间，增加换水频率，减少鱼类喂食。可以使用 UV 杀菌灯或使用除藻剂进行治理。

💧水绵藻

　　水绵藻也是常见的藻类之一，属于丝状藻。水绵藻常常和丝藻相互混淆，绵藻和丝藻是可以区分的，绵藻多成"团状"，尾端略有卷曲，绵藻相较于丝藻更加柔软。水质过肥、光照时间过强时会出现此类水藻。

治理措施

　　多出现于开缸初期，定期换水即可。同时绵藻是黑壳虾的食物，可以通过投放大量黑壳虾进行治理。

💧丝藻

　　丝藻是常见的丝状藻类，常见于叶片边缘和沉木等素材之上。长度可达 20cm 以上，同时具有一定的硬度。丝藻也被认为是判断水质良好的标准之一。部分玩家认为良好的水质会滋生丝藻，其实并不正确。光照过强、二氧化碳浓度过低、水质过肥是造成丝藻爆发的主要原因。

治理措施

　　丝藻出现于水景缸的各个时期，减少光照，加强换水，同时可以进行手动清理，使用牙刷清除即可。也可使用除藻生物治理，其中大和藻虾的效果最为优异。

蓝绿藻

蓝绿藻又称蓝藻，由于蓝色的有色体数量最多，所以宏观上呈现蓝绿色。大多数蓝绿藻的细胞壁外面有胶质衣，又称为黏"藻"。蓝绿藻是地球上出现得最早的原核生物，也是最基本的生物体，常见于过滤能力弱、水质硬度过高的水体中。蓝绿藻常表现为薄膜状，大面积覆盖在底床和水草上。

治理措施

水体过滤不足，造成局部死水，会造成蓝绿藻的大规模爆发，建议加强换水频率或更换合适的过滤器。可以通过手动清理，通过换水吸走底床的蓝绿藻。也可使用药物治疗，一般使用"红霉素"，在药店就可以很轻松购买到，连续使用4日即可（一般60cm缸用半粒，注射器直接打进蓝藻底床区域即可）。也可放置工具鱼和工具螺进行生物治理。

黑毛藻

黑毛藻是玩家最头痛的顽固藻类之一，黑毛藻是整体呈现一种黑色短毛状的藻类，几乎可以利用所有的可见光进行生存，其进行光合作用的效率是水草及其他植物无法比拟的。这也是其在任何环境下或是弱光之下都可以生存的原因。其次，水体中的二氧化碳含量波动和水流速率也是造成黑毛藻快速繁殖的主要原因。

治理措施

在黑毛藻爆发前期，藻类不严重的情况下，可以使用黑线飞狐鱼、螺和大和藻虾等进行治理。放进除藻生物后少量喂食，换水时候用除藻刷或手动去除，在换水同时吸出即可。并要把已经生长了黑毛藻的叶片剪掉，减少扩散。若情况严重使用除藻剂治理，可以使用2%的戊二醛进行局部喷洒，效果极佳。

🫚鹿角藻

鹿角藻呈现出灰绿色且有如鹿角的分枝状，常出现于水草叶片和素材上，繁殖速度较慢。其主要成因是水中的氨氮偏高、水的硬度偏高且二氧化碳浓度过低。

治理措施

硬水出现鹿角藻的概率更高，所以建议使用软水开缸。鹿角藻是可以手动清除的，换水时使用除藻刷或者手动抠除，并用水管吸出即可，也可使用 2% 的戊二醛喷洒治理。

🫚刚毛藻

刚毛藻属于绿藻纲，刚毛藻科。刚毛藻是丝状、绿色的分支状藻类，集结生长时看起来很像是个绿藻球。刚毛藻摸起来并不会有滑滑的感觉，而会有丝线的触感，又硬又细且有特殊"臭味"。刚毛藻喜欢在二氧化碳浓度低的水体中生长，主要生长在直接受到光照的岩石或沉木上，在严重的情况下，也会长在泥土和水草上面。不过刚毛藻通常会集中在某个地点，很容易便能手动清除。

治理措施

在缸内增加二氧化碳的投放量。刚毛藻都是成团出现的，可以手动进行清理，并进行局部戊二醛喷洒。

绿尘藻

绿尘藻通常发生于水族缸的玻璃表面上。绿尘藻喜爱强光，会在玻璃壁上形成一层灰尘状的绿色黏膜，在严重的情况下会整个覆盖住水族缸的玻璃。事实上，绿尘藻是游动藻类孢子，绿尘藻在水体当中漂浮且能够漂浮 30 ～ 90 分钟后，再度依附至玻璃壁上。缸体中钙镁比例失调，钙质太多，硝酸盐、磷酸盐比失调，磷酸盐过量，都是导致绿尘藻的成因。

治理措施

加强换水频率，可以使用除藻剂治理或者使用 UV 杀菌灯，部分工具鱼也可以有效治理绿尘藻。

绿斑藻

绿斑藻是直径 0.5 毫米左右的绿色斑点状藻类，偏爱较强的照明，通常附着于光线较强的水族缸玻璃壁上或者成长缓慢的水草叶片上。它是一种呈现绿色斑点状的附生藻类，属于多枝藻科，具有假薄壁组织，可贴附物体表面生长。绿斑藻常见于缸壁上，偶尔也会出现在水草的老叶片之上。

治理措施

降低光照强度照明，玻璃壁上和叶片上可以进行手动清除，也可进行生物治理，其中小精灵和角螺除藻效果极佳。若出现在水草叶片之上，可以在维护的同时进行修剪作业。

实际上，水景缸中或多或少都会有些藻类存在，即使水草占据绝对生长优势也会出现藻类。那么，这些藻类是如何进入我们的景观缸体当中的呢？

水草携带

我们种植的水草在未经过处理前直接种植进水景缸当中，便会引发藻类的大面积生长。许多水草不仅仅会携带螺卵，而且还会携带部分藻类的孢子进入新的环境当中。因此，在准备补种新水草时需要着重注意"过水"和"检疫"操作。

素材携带

许多朋友在购买了一些合适的素材后，未经处理就置入缸体当中进行造景，殊不知这些造型好看的素材会携带大量藻类孢子，不经处理也会将藻类孢子带入缸体中。所以，在造景之初要进行"洗刷"操作。

营养成分含量过高

氨氮含量过高、磷含量超标都会引起藻类的大量繁殖。出现这种情况的主要原因是维护、换水工作不及时，或者经常大量投喂饲料，使水体富营养化。在这样的水体环境中，营养物质过剩会使藻类大量繁殖。

过长时间强光照

长时间的强光照射会让水体中的藻类加快生长，所以要避免太阳光直射水景缸。植物对光的需求量是一定的，所以太多强光照射反而会造成藻类的大规模繁殖。

过滤系统不成熟或者过弱

过滤偏小，或者硝化系统未建立，会让许多藻类有机可乘，主要原因还是部分营养物质未能完全被硝化细菌转化，才会导致大量藻类生长。

治理藻类的方法通常分为三种：物理治理法、化学治理法和生物治理法。

物理治理法

物理治理法是利用市面上所贩卖的各种器具来去除玻璃上的藻类，或者用手清除素材、水草上的可见藻类，或者利用紫外线照射杀死水中藻类的物理方法。虽然使用除藻刷、刮藻刀等器材可将大部分玻璃上的藻类去除，但是并不完全，需要经常处理，否则会再次滋生藻类。

虽然刮藻刀效果比较明显，但是需要注意，在亚克力制作的水族箱中要避免使用此类产品，硬质的刮藻刀很容易将亚克力表面刮出伤痕。

对于生长在水草叶片上的藻类，最好用手将藻类清理出来；对于部分比较顽固的藻类，可以将水草叶片剪掉。

对于素材上的藻类，则可以使用除藻刷、牙刷等手动清理。也可使用 UV 灯，紫外线虽然可以有效地抑制藻类的生长，但也会伤害有益菌的生长繁殖。所以，UV 杀菌灯不可长时间使用，搭配定时器同水草灯同时开关即可。

化学治理法

化学治理法是一种利用化学药品来抑制、杀死藻类的方法。市面上出售的除藻药剂良莠不齐，有些能够有效地抑制藻类并且清除藻类，但是会对水草的生长产生不良的影响。在选购时，应先阅读说明书后再使用。尽量避免用量过度，造成水质污染，导致动植物死亡。

生物治理法

生物治理法是利用自然中存在的食物链来消除各种藻类的方法。该方法一般不如使用除藻剂和物理清除受人关注，但是这确实是一种长期有效的方法。生物治理的方法主要指将各类爱吃藻类的生物放入景观缸体当中，利用食物链和生态原理，将藻类清除。

所放的生物包括各种专门吃藻类的鱼类、虾类及螺类。需要注意的是，有些生物时常在不知不觉中就大肆地繁殖起来，在水景缸当中喧宾夺主，可能会影响水景缸中的生态平衡。若水中的藻类不够食用，这些"清洁工"为了生存也会出现啃食水草的现象。

藻类生物治理对策表

藻种类	特征	处理方法	防治生物
褐藻	淡褐色，薄片状，附着在缸壁和素材上，薄薄一层	1～3 天换一次水，缸壁使用刮藻刀刮除，可以使用除藻生物治理	黑壳虾（米虾类）、大和藻虾、小精灵鱼、黄金胡子鱼、黑玛丽鱼等
水绵藻	绿色丝棉状，缠绕附着在水草以及沙砾底床之上。常见于莫丝类水草	开缸初期常见，可以在换水时手动吸走，也可以使用生物治理	黑壳虾、大和藻虾、黑玛丽鱼、黑线飞狐鱼

藻种类	特征	处理方法	防治生物
绿斑藻 / 绿尘藻	主要发生在缸壁和水榕类、椒草类水草的叶片之上，附着处会出现薄薄一层藻类或是绿色斑点	缸壁上使用刮藻刀处理，并换 1/3 水，水草叶片出现绿斑藻则需要剪掉患藻叶片，也可使用生物治理	小精灵鱼、鲍鱼螺、斑马螺、蜜蜂角螺
丝状藻	丝线状或发状，常常是绿色，长度可以达十几厘米。常见于莫丝类水草、叶片、石材、木材、底床等位置	换水时可以使用牙刷卷取，并去除，可以使用除藻药剂或者生物治理	大和藻虾、黑线飞狐鱼、黑玛丽鱼
黑毛藻	黑色发状，毛球般，会附着在各个位置，不局限于素材和底床，甚至是玻璃缸壁上。一般出现于老缸，水流缓慢且二氧化碳浓度不足的缸里经常出现	石材和木材出现黑毛藻，可以在换水时手动去除，并吸走。叶片出现则可以剪掉去除，可以使用药剂或者 2% 的戊二醛点射长藻区域，也可进行生物治理。同时加大二氧化碳的投放剂量	黑线飞狐鱼、蜜蜂角螺鱼
蓝绿藻	蓝绿色，有臭味，繁殖迅速，常出现在底床，薄薄一层蓝绿色薄膜。水流不畅的位置、死水区域经常出现	可以换水时吸出，也可以使用黄粉或者红霉素等杀菌药物，若蓝绿藻变色，则证明蓝绿藻死亡	没有合适观赏生物以此为食（黑玛丽鱼偶尔有啃食现象）

　　藻类的出现是必然的现象，放平心态对应治理即可，大部分的藻类都可以使用生物治理。用药物治理时要慎重使用，请务必掌握好使用量。

　　治理藻类的三个诀窍：
1. 尽可能多种植水草，水草密植可以有效地抑制藻类。
2. 有效地利用各种可以食藻的生物。
3. 规律定期换水。

第九章
桌面小品 苔藓微景

苔藓微景观，是用苔藓植物和蕨类植物等生长环境相近的植物，搭配各种造景小玩偶，运用美学的构图原则组合种植在一起的新型桌面盆栽。其也是时下流行的桌面小品，迷你可爱，美观又朴素，可塑性强，生命力顽强且养护方便。置于桌面，再疲惫的心情也会一扫而空。

　　微景观可大可小，可以作为桌面小品，也可作为景观展示，陶冶情操。

　　接下来，我们将从选材开始，一起创作一个属于我们的桌面微景观小品。

苔藓微景观
素材的选择

⋮瓶器

为了便于观赏，苔藓微景观一般都选择在透明的玻璃容器中创建，而苔藓喜温湿环境，适时密封的生态瓶也有助于微湿环境的养成，这也是苔藓"闷养"的技巧之一。平时养护除"闷养"外，还要适当开盖通风，并放置于室内明亮处，如果瓶内湿度足够，可以长时间不喷水，切忌盲目过量浇水。如果发现瓶内积水过多，要及时处理掉。

⋮石材和木材

水景缸常用的石材和木材皆可应用于苔藓微景观，常见的置景石材在微景观中效果最好的是青龙石和龟纹石，可以单独使用，也可以搭配杜鹃根和小型沉木进行造景。

⠿底床基质

轻石

苔藓喜欢微湿润的环境，但一定
要避免积水。苔藓种植基质应包括三
层，要尽可能模拟我们的地质层。最
底下一般铺上碎石或轻石，防止积水
渗透到养殖层的泥土，造成水分过大，
导致苔藓"淹死"。其中火山岩和轻
石的效果最好，同时可以更好地营造
自然效果。

水苔

中间层使用水苔，可以防止泥沙混
合破坏美感，同时水苔的吸水能力极强，
可以为上层营养土提供水分，又可以作
为隔离层隔离轻石和营养土。

营养土

植物的生长需要营养，苔藓微景
观的最上层或者说种植层也需要营养
土。可以选择泥炭土和赤玉土混合使
用，也可单独使用赤玉土（推荐使用
赤玉土，以赤玉土作为营养层不仅可
以为植物提供足够的营养，而且更干
净统一，既美观又便捷）。

⠿化妆砂

化妆砂和公仔是微景观的灵魂，可以给我们的微景观作品加分增色，但是又
区别于水景。微景观常用的化妆砂主要是人工砂，有蓝砂、白砂、黄砂和小型卵
石等。

蓝砂

常常用来铺设河道，制作湖泊、瀑布、海岸等场景。

黄砂

在微景观中用来制作林间小路，是最常用的化妆砂之一。

白砂

起点缀作用，主要用来点缀在蓝色化妆砂上，表示湍流，并赋予河流、湖泊以灵动性。

小型卵石

起点缀作用，点缀在河道、湖泊浅滩、路边等，丰富细节。增加河道、林间小路的自然感。

⋮苔藓

　　苔类、藓类以及地衣类植物通常统称为"苔藓"，苔藓也被称为空气净化器，能够吸收空气中的多种有毒有害气体，因此常常被作为检测空气污染程度的指示植物，同时也是庭院造景和塑造微景观的主要植物。苔藓也是最耐看的迷你植物，我们制作微景观主要用的苔藓有白发藓、灰藓、星星藓、朵朵鲜等。

白发藓

　　植物体密集，垫状丛生，草丛状，缺少水分时呈白色，生长于丛林底层，高度一般在 2cm，也有多年生长的较厚的白发藓。白发藓是所有苔藓里既耐干又耐湿的一种，耐活易养，是制作苔藓微景观最常使用的苔藓。即可闷养，也可半闷养或者开放式养护。

星星藓

　　学名东南亚砂藓，疏松丛集，季节不同，颜色也有差异，高度在 3cm 左右，常生长于向阳的沙砾和沙土上。星星藓对水分非常敏感，干燥时干缩成杆状，喷水后舒展，非常漂亮，是制作微景观常用的苔藓种类，适合开放式和半开放式养护，忌积水过多。

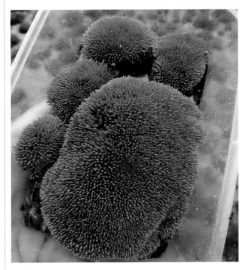

朵朵鲜

　　植株矮小，贴地生长，密集丛生，颜色青翠，一般为紧密连接的块状或者团状，因此被取名朵朵藓，高度一般在 2cm，喜欢阴湿的沙质土壤，适合半开放式和开放式养护。

⋮植物

制作微景观可以单一使用苔藓，也可搭配植物制作主题景观和组合式景观。一般我们选用和苔藓生活环境相近的植物来制作微景观，常用的有狼尾蕨、傅氏蕨、绿地球、网纹草、迷你罗汉松等。

⋮公仔

制作每一个微景观，都可以根据自己喜好放置不同的公仔，既可以点缀微景观，又可以赋予微景观不同的主题和灵魂，可以单独使用，也可组合搭配，煞是可爱！需要注意的是，不可选择过大的公仔，影响整体景观的比例和协调性。

⋮工具

制作微景观使用的工具有：尖头夹子、剪刀、喷壶、木塞、园艺剪刀（钳子）、小刷子、滴壶、纸抽、勺子等。

苔藓
微景观的制作过程

一缸一景一世界　从这本书爱上水景缸

STEP
1

▲选择喜欢的瓶器，准备工具：剪刀、喷壶、木塞、园艺剪刀（钳子）、小刷子（油画笔）、滴壶、纸抽、勺子等工具。

STEP
2

▲铺设好桌垫，将选好的瓶器清洁并擦拭干净。

STEP
3

▲将购买的轻石多次冲洗干净，铺设在准备好的玻璃器皿中，轻石可以作储水层，并分隔种植一层苔藓，起到既可吸水又隔水的作用。

STEP
4

▲使用瓶塞将轻石压平整，以便于铺设水苔，轻石的高度一般 3～5cm即可（若是大型缸体或较高的玻璃瓶，可以适当增加轻石的高度）。

STEP
5

▲水苔使用前需要浸水湿润，这样便于我们铺设。水苔捞起后轻轻挤干，以不滴水为宜。

STEP
6

▲用镊子夹起挤干后的水苔平铺在瓶内，薄薄一层即可。铺设水苔是为了阻止上层种植土由于重力作用慢慢渗透到底层影响美观且也可以为种植土提供水分。铺设好后，可适当喷水，保持水苔层湿润。

STEP
7

▲使用木塞将水苔挤压平整，可以随时添加水苔，填补缝隙，避免混合底床。

STEP
8

▲使用园艺小铲或者一次性纸杯，将准备好的赤玉土倒入玻璃器皿，一般是前低后高，前侧铺设苔藓，后侧种植较为高大的植物。

STEP
9

▲根据自己的预想铺设赤玉土，一般是前低后高或者两侧高中间低，并使用毛刷平整种植土（可以根据主题景观或造景需求进行不同的调整）。

▲根据景观类型选择适合的植物，本次选用的后景植物为狼尾蕨。先将植物从盆中取出，去除植物根部除主根外多余的土块，修剪掉发黄和腐烂的枝叶并调整整体的株形。

注：微景观的植物种植顺序为先大后小，优先种植后侧高大的植物，最后铺设苔藓。防止高大植物带有的土壤将苔藓弄脏，所以按照这个顺序制作出的微景观才会更加干净整洁。

▲将准备好的石头或者木头洗刷后擦干，按照预想的构图位置开始搭建骨架。可以随时根据需求添加赤玉土。

▲完成骨架搭建，用喷水壶喷湿赤玉土，以方便种植植物。

▲若植株丛过大时可将植株分为若干份，但不要伤到主茎，夏天温度高不宜分株，容易造成伤口感染，甚至植物的死亡。

▲种植植物可以使用一次性小勺，挖取一个深度合适的小洞，取出的土壤尽量单独放置，可以暂存在一次性纸杯中，方便种植完成后回填土壤。

▲把准备好的植物根系理顺，使用种植夹，夹住根部种进小坑，注意植物的叶片朝向，正面观赏为主，同时保证植株茎叶可以在顶部伸展生长。若土壤不足以覆盖植物根系，则需要使用小勺回填部分土壤。

▲铺设苔藓，将苔藓清理干净，修剪多余的底部假根，按照自己的设计和预想进行铺设，用手指轻轻按压苔藓，保证苔藓可以紧贴土壤。苔藓的拼接处要尽量自然，不要留下过大的空隙。

注：在铺设苔藓时预先考虑要不要铺设化妆砂，若是铺设化妆砂则需要在铺设化妆砂时预留出河道、湖泊等位置。

▲中景部分选择网纹草，清除掉多余土壤，使用种植夹，夹住网纹草根部，插入瓶中土壤即可。可以选取三株为一撮，点缀效果最好（清洗根部土壤有小技巧，可以使用水盆或者一次性小盒接取清水，将网纹草根部浸入水盆，轻轻晃动几下即可清理干净）。

▲在预留的位置铺设各色化妆砂，营造河流、浅滩或者小路等景观。

注：铺设时可以用 A4 纸卷成细长圆锥体或折叠成"V"形来添加各色化妆砂，从大口添加化妆砂，缓慢移动，完成小路的制作（铺设完成后，可以使用油画笔平整林间小路化妆砂，增加小路的整洁度）。

▲将自己喜欢的公仔放置在喜欢的位置就可以了。

▲使用纯净水将瓶中苔藓和留白处喷透，并保证瓶器内湿度即可。

注：一定要使用纯净水，避免在玻璃瓶器留下水渍，同时苔藓也必须使用纯水进行养护。

STEP
21

▲加水完成后，使用毛巾或纸巾
将微景观瓶内外擦拭干净，进行最后
的清洁工作。

STEP
22

▲将其放在喜欢的位置，可以使用灯具照明或放在光线明亮处即可，我们
的微景观就大功告成了。

苔藓微景观的
后期养护

光照

微景观放置在室内光线（一定是散射光，避免阳光直射）充足的位置或者加一盏微景观专用灯，让植物可以进行光合作用，每天光照 6 ~ 8 小时即可。

水分

植物不需要大量喷水，保证积水层有水、赤玉土湿润就可以，苔藓可根据季节和环境进行不同的调整和养护。例如高温、干燥季节应每天喷 1 或 2 次纯净水，低温潮湿季节则可数天喷一次水，每次以苔藓略微喷透为宜，但不能使苔藓表面出现积水。

空气

植物需要良好的通风透气环境，因此微景观应摆放在空气流通好、光线明亮的位置，若是使用带盖的闷养瓶，可以定期打开瓶盖进行通风作业，避免高湿和空气不流通的环境造成真菌的大量繁殖。

养分

由于赤玉土具有一定的养分，能满足植物与苔藓的养分需求，因此微景观几乎不需要额外添加养分，若是养殖 1 年以上的微景观，可以将液肥稀释3000 ~ 5000倍对其进行喷湿，一定要薄肥施用，过浓的肥料会造成苔藓的"烧死"。

修剪

植物生长过于茂密时，需要对其进行修剪，用剪刀剪去过多的枝叶即可。苔藓生长速度极为缓慢，基本不需要进行修剪，若是苔藓的厚度影响整体美观，可以将苔藓取出修剪掉底部假根，打薄后再铺设回去就可以啦。

第十章
水景缸欣赏

　　作为水景爱好者最向往的水族圣地就是世界各大专业的水景展厅，在我国北京也有最全面专业的自然水景展厅——华旗水族 ADA 中国展厅。作为现代水景的先驱和水族界的传奇品牌，"自然水景展厅"是一个水族玩家和业界人士所向往的艺术乐园，可以尽情地享受来自水族世界的震撼和乐趣。

ADA中国展厅内
水景缸欣赏

　　　　　　　　　一缸一景一世界　从这本书爱上水景缸

附录

名词注释

在老玩家之中总是流传着一套专业的术语，对于新手玩家来说总是难以理解琢磨。理解这些术语有助于我们更好地融入水族圈。

1. 浮法缸：浮法缸是使用常见的浮法玻璃制作而成的水草造景缸。

2. 超白缸：使用超白玻璃也称低铁玻璃制作而成的水草造景缸。

3. 磨边：通过玻璃磨边机的磨头电机和磨轮，将不规整的玻璃进行磨削抛光的过程。

4.45°角：将玻璃的外边进行磨边后，磨至45°角。

5. 常规尺寸：指常见的水草造景缸的尺寸，分别由：25cm×25cm×25cm、30cm×30cm×30cm、45cm×30cm×30cm、45cm×45cm×45cm、60cm×40cm×40cm、60cm×45cm×45cm、90cm×40cm×40cm、90cm×45cm×45cm、120cm×45cm×45cm等尺寸

6. 非标准尺寸：指不常见的水草造景缸尺寸。

7. 开缸：将一个水草造景缸进行景观布置的过程。

8. 裸缸：指空白的水草造景缸。

9. 翻缸：把已有的水草造景缸当中的景观重新布置的过程。

10. 滤桶：放置于水景缸外的外部过滤装置，集成了过滤泵、过滤仓、滤材、进出水于一体的设备。

11. 上滤：安装于水景缸顶部的过滤设备，需要连接额外的水泵。

　　　　　　　　　　　　一缸一景一世界　从这本书爱上水景缸

12. 底滤：安装于水景缸底部的外置过滤仓。

13. 滴流：安装于水景缸顶部的外置过滤设备，从水景缸中抽出的水体会按照过滤仓逐层滴流至水景缸当中。

14. 爆缸：水景缸中植物养殖的状态非常好，生长茂盛并迅速的繁殖一缸。

15. 爆藻：水景缸当中因为过强的光照或者其他的原因造成藻类过量生长的情况。

16. 硝化菌：一类好氧性细菌，包括亚硝酸菌和硝酸菌。生活在有氧的水中或砂层中，在氮循环水质净化过程中扮演着很重要的角色。

17. 硬水：指水体中含有较多的可溶性钙镁化合物的水，按照美国 WQA（水质良协会）标准，大于 7GPG 的水质均为硬水。

18. 软水：指水体中含有较少的可溶性钙镁化合物的水，按照美国 WQA（水质良协会）标准，小于 7GPG 的水质均为软水。

19. 缸垫：铺放于水景缸体下方的软质垫材，常见的有 KT 板、PVC 材料或 NBR 材料。

20. 加热棒：用于鱼缸内的水体加热，常见的有电子式的和双金属片机械式的加热棒。

21. 有益菌：一般指对水体当中的生物起到正面作用的细菌和真菌。

22. 基肥：指水草缸布置过程中为了保证植物正常生长的肥料，布置于水景缸的土壤当中。

23. 液肥：指将植物所需的生长肥料制作成液体形态的肥料。

24. 开缸五宝：开缸五宝最早是 ADA 出的一套针对新开缸放在底床的一系列产品，简称开缸五宝。分别是：植物生长促进剂、防底床硬化粉、防底床腐化剂、硝化细菌粉、清水粉。

25. 腐败菌：引起鱼类饲料或底床系统恶化的细菌或者真菌。

26. 养水：将刚接入进缸中的水体，经过多日的过滤循环，将其中的氯气等有害物质充分分解且建立硝化系统的过程。

27. 黄水：指水景缸当中水体颜色发黄的现象。

28. 绿水：指水景缸因为小球藻的过量繁殖而引起水体颜色变绿的现象。

29. 能源砂：能源砂是为水草养育而专业开发的底床素材。在多孔质的轻石之上加入丰富的有机营养素，能够帮助底床内有效微生物的繁殖与生长，向水草的根部提供足够的营养。因可以防止底床硬化板结，进而促进水草根部生长扩展，充分营造能够长期维持的底床系统。

30. 细菌环，细菌屋：观赏鱼生化滤材的一种，常见于过滤桶或者底滤系统当中，起到培植硝化细菌的功能。

31. 生化棉：是一种使用范围很广的滤材，主要起到生化过滤的效果。

32. 生化球：观赏鱼生化滤材的一种，多用于大型滴流过滤，常见用于下缸过滤的主缸溢流区起保温、消音、增氧作用。

33. 工具鱼，工具虾：用于水景缸当中的藻类清理和鱼食残渣处理的鱼类和虾类。

34. pH 值：氢离子浓度的负对数值，广义说法就是酸碱度。通常 pH<7，水质为酸性；pH>7，水质为碱性；pH=7，水质为中性。

35. GH 值：德国硬度，硬度通常指水体中的主要钙、镁化合物的含量，德国硬度主要以氧化钙的含量来作为计算值。

36. TDS 值：表示水体中导电度盐钙的含量，数值越大代表水体的硬度越大。

37. KH 值：暂时硬度，以阴离子碳酸氢根为当量计算，可用于表示水中的碳酸氢根浓度。

38. 光照强度（lux）：指单位面积上所接受可见光的光通量，简称照度。单位是勒克斯 lux 或 lx。用于指示光照的强弱和物体表面积被照明程度的量。

39. 流明：勒克：是照度的单位，被光均匀照射的物体，在 1 平方米面积上所得的光通量是 1 流明时，它的照度是 1 勒克斯。

40. 色温：表示光线中包含颜色成分的一个计量单位。

41. 显色指数：光源对物体的显色能力称为显色性，是通过与同色温的参考或基准光源（白炽灯）下物体外观颜色的比较。光所发射的光谱内容决定光源的光色，但同样光色可由许多，少数甚至仅仅两个单色的光波纵使而成，对各个颜色的显色性亦大不相同。相同光色的光源会有相异的光谱组成，光谱组成较广的光源较有可能提供较佳的显色品质。

42. 底床：指在草缸中经常使用的装饰性底沙和水草种植的底泥等底床材料。

43. 化妆砂：指在水景缸当中用于装饰的彩色砂子。

　　　　　　　　　　　　一缸一景一世界　从这本书爱上水景缸

44. 羊绒棉：使用羊绒和棉进行混合制作而成的过滤材料。

45. 活性炭：是一种经特殊处理的炭，将有机原料（果壳、煤、木材等）在隔绝空气的条件下加热，以减少非碳成分（此过程称为炭化），然后与气体反应，表面被侵蚀，产生微孔发达的结构（此过程称为活化）。

46. 软水树脂：专用于软化硬水的一种专用树脂，通过离子交换技术，使水的硬度小于 50 mg/L(CaCO$_3$)。

47. 灯科鱼：一种对于部分具有观赏价值的淡水小型鱼的泛称，一般认为包括部分的脂鲤科、鲤科、银汉鱼科甚至鳉鱼科，也可按地域分布的不同来划分（亚洲、非洲、美洲、大洋洲），绝大多数体长在 2~6cm 之间。

48. 定时器：分为机械和电子两种形式，通过设定开关可以准确地确定通电和断电时间。

49. 草缸：用水草布置成各类景观的玻璃鱼缸。

50. 沉木：指常见的水景缸当中的景观布置木质材料。

51. 肥料：指提供一种或一种以上植物必需的营养元素，改善土壤性质、提高土壤肥力水平的一类物质，是农业生产的物质基础之一。

52. 增氧泵：将空气压入水中，让空气中的氧气与水充分接触，以达到让部分氧气溶入水中，增加水的含氧量，保证水中鱼类生长的需要。

53. 二氧化碳：一种碳氧化合物，常温常压下是一种无色无味的气体，也是一种常见的温室气体，还是空气的组分之一。

54. 冷水机：将水景缸当中的水体经过水冷机组进行降温冷却的设备。

55. 钢瓶：用于贮存高压氧气、煤气、石油液化气等的钢瓶。

56. 隔离网：用于隔离水景缸当中各类生物的塑料或铝质网片。

57. 黑水：原本指南美洲亚马孙河流域的褐色水体，其 pH 值小于 5。

58.ECA 复合酸：从天然物质中提炼出来的有机酸和更利于铁吸收的水族箱添加液和水草激素，防止水草新芽白化现象及叶片褪色的情况发生。

59. 水草夹：用于种植水草的不锈钢制的镊子。

60. 弯剪：由不锈钢制作而成的弯形剪刀。

61. 弹簧剪刀：由不锈钢制作而成具有弹性的剪刀。

62. 波浪剪：由不锈钢制作而成的波浪形的剪刀。

63. 戊二醛：带有刺激性气味的无色透明油状液体，溶于热水。对眼睛、皮肤和黏膜有强烈的刺激作用。可用作水景缸当中的除藻剂。

64. 除藻刷：用于去除素材或者玻璃表面藻类的刷子。

65. 净水剂（粉）：投放入水中能和水中其他杂质产生反应的药剂。主要是起到净水的目的。

66. 珊瑚沙：就是指珊瑚或贝壳碎片，具持续释放碳酸钙的特性，形状、颗粒大小不均。

67. 外挂瀑布过滤：外挂于水景缸表面的简易过滤设备。

68.Ro 水：一般称呼纯净水，基本不保留水中的矿物质，pH 值在 6 ~ 7 之间，为弱酸性，一般用于透析等医疗用水，或实验室，电子化工等特殊用水。

69.UV 灯：紫外线灯管的简称，UV 是紫外线的英文缩写。这种灯管主要是用来利用紫外线的特性进行光化反应、产品固化、杀菌消毒、医疗检验等。

70. 超光 865：指飞利浦公司生产的 865 型号灯管。

71. 卤素灯：简称为卤素泡或者卤素灯，又称为钨卤灯泡、石英灯泡，是白炽灯的一个变种。

72.PL 灯：是指节能日光灯管的英文缩写。

73.T5 管：是荧光灯或称日光灯、光管、荧光管的一种，直径为 5/8 英寸，管径约 16mm，属于低压气体放电灯的一种。

74. 补光灯：是用来对某些由于缺乏光照度的设备或植物进行灯光补偿的一种灯具。

75. 背景灯：是用来进行美化水景缸的背景灯具，常见的背景灯由亚克力制作而成。

76. 容积：指箱子、油桶、仓库等所能容纳物体的体积。在这里通常指"鱼缸容量"。

77. 潜水泵：可以放置于水体当中，把水体从底部抽送到水景缸当中的设备。

78. 不锈钢过滤桶：由不锈钢材料制作而成外置桶形过滤设备。

79. 铝瓶：用于贮存二氧化碳、氧气等气体的铝质瓶。

80. 流量：指单位时间内，水体流动的体积。

81. 喂食：进行水景缸当中观赏动物投喂的过程。

82.1 秒 N 泡：是指二氧化碳的计数方式，计泡器内一秒钟可以输出多少的二氧化碳。

83. 电磁阀：用电磁控制的工业设备，是用来控制流体的自动化基础元件。

84. 榄仁叶：是一种生长在热带的有降酸功能的叶子，它能迅速安全地使自来水的 pH 值降低到 6.0 左右，使水接近自然状态的老化水，能够防止水质腐败，还可以抑制细菌的生长。

85. 单表：是指只有一个指示表二氧化碳的减压阀，只显示瓶内气压数值

86. 双表：是指带有两个指示表的二氧化碳减压阀，不仅显示瓶内气压数值，也可以显示输出气压

87. 前置桶：是指串联在过滤桶前边的过滤桶，没有动力，桶内多是生化棉，过滤棉，可以有效地增加过滤桶的过滤效率，并减少过滤桶的清洗频率。

88. 底柜：用于盛放水景缸体的柜体。

89. 灯架：用于悬挂照明灯具的不锈钢支架。

90. 佗草：佗草就是一个覆盖着水草的球体，水草是以陆生形态种植。

91. 水上叶：指水生植物的陆生生长叶片。

92. 水陆缸：是指模仿自然生态的一种微缩造景环境，其中以苔藓和陆生植物景观为主。

93. 雨林缸：是指模仿自然雨林生态的一种景观环境，使用的植物均以热带雨林植物为主。

94. 苔藓缸：是指使用苔藓制作而成的景观观赏缸。

95. 雾化器：将液体通过超声波振动成雾气的设备。

96. ADA：日本知名的水草景观设计公司，设计研发鱼缸、照明灯具、二氧化碳添加器具等水草产品。

97. RGB：是工业界的一种颜色标准，是通过对红 (R)、绿 (G)、蓝 (B) 三个颜色通道的变化以及它们相互之间的叠加来得到各式各样的颜色，其显色性更好。在水族里指应用 RGB 技术的灯具。

98. 飞根 / 气生根：指由植物茎上发生的，生长在地面以上的、暴露在空气中或水中的不定根，一般无根冠和根毛的结构，能起到吸收气体或支撑植物体向上生长，有保持水分的作用。

99. 飞虾：指水景缸当中的观赏虾因水质不稳定而出现的不规则快速游动

现象。

100. 发色：指观赏动物或者水草恢复原本自然颜色甚至颜色更加艳丽的现象。

101. 白化：指动植物个体出现异常白色个体。

102. 溶叶：指水草因为水质不适应而出现叶片溶解的现象。

103. 原生缸：模仿原生态自然风景制作的水景缸景观。

104. 原生鱼：指原产自国内的各类观赏鱼。

105. 闯缸鱼：指新缸养水过程中放入的第一批鱼被称为"闯缸鱼"，作用是为有益菌提供食物——含氮的废物。闯缸鱼是试验品，可通过观察其状态判断水质好坏，从而确定是否可以把鱼放入新缸里，是最廉价的水质监测方法，如果闯缸鱼发生了死亡则水质不合格，需要继续养水。

106. 三湖：是指三湖慈鲷鱼，观赏鱼的一种。三湖慈鲷是非洲的三大湖马拉维湖慈鲷、坦干伊克湖慈鲷及维多利亚湖慈鲷的统称。目前饲养的三湖慈鲷分为繁殖和野生的两大类，野生的种群色彩鲜艳，观赏性更强，繁殖的稍差一点儿。

107. 定水：是指让鱼虾等长时间适应本地水质，通常需要一到两周的时间。

108. 过水：是指刚买来的鱼虾不一定适应本地水质，通过逐步添加原缸体内的水来让鱼虾逐渐适应缸内水质的过程，通常需要一到两小时即可。

109. 婚姻色：鱼类在成熟前，从外形很难区别雌雄，当鱼类到了生殖期，也能从外形和体色上看出变化，即体色变深或显出鲜艳的色彩，称之为"婚姻"色。往往会在繁殖季节出现鲜艳的颜色，特别在一些雄鱼上更加突出，待生殖季节一过，鲜艳颜色即行消失，这种色彩就是婚姻色。

110. 虾缸：是指单独饲养观赏虾的缸体，会点缀部分功能性水草，以观赏和繁育虾类为主。

111. 吹鱼：是指在成景缸拍照时，使用吸管或者吹风机轻轻吹动缸体水面，使观赏鱼出现群游和使水面波光粼粼的景象，以达到最佳的拍摄效果。

112. 汽水环境：汽水又称为半海水，汽水环境指的是水的盐度介于淡水和海水之间，汽水环境常见于江河入海口，或河海交汇处。

写在最后

　　打造一个景观缸体看起来并不难，几块石头、些许水草、几条鱼，也可以造一个水景缸。但若想玩好水景缸，就需要深入地去学习水族知识。水族景观缸体涉猎到的学科很多，从美术、物理、化学到生物学，有时候甚至需要我们精通五金、电器，是一门综合性很高的艺术学问。

　　那么玩水族难吗？兴趣是最好的老师，指引着我们不断地去学习和改进。只要对水族感兴趣，那么打造一个景观缸体也并不是一件很困难的事情。就像其他的兴趣爱好一样，需要我们花费更多的时间和耐心，去学习和探索。从建立基本的构图和应用各种美学原理，到搭建景观缸体的基本要素，从模仿到创造，构建完美的水下世界是一个有趣的学习和进步的过程。耐下心来，你会发现，只要遵循一定原则，其实景观缸体的塑造也并不是什么世界性难题。最难的是心平气和地坚持玩水族，感受水族带来的乐趣。同时，景观缸体也是心情的治愈器，在感到烦躁的时候，静静地去观赏景观缸体，你会发现心情也会随之而好。

　　接下来，结合我的水族缸造景多年经验，给新手玩家们一些小建议：

掌握基础知识

　　景观缸体是很有吸引力的，相信看到这里，你已经跃跃欲试去制作自己的景观缸体了。不要急着去打造景观，景观缸体也需要一定的设备基础和知识储备。灯具、过滤、二氧化碳设备是基本的设备支持，选定适合自己的设备，多番考究之后才能创造出自己的景观缸体。了解一定的水族知识，放平心态，现在大部分水族问题都有成熟的解决方案，所以不需要担心。

从简单的景观开始

不要急功近利地去制作一些复杂的景观，从简单的景观开始，循序渐进，不断地完善自己的基础和经验。漂亮的景观缸体不是凭空而成的，需要熟练的技巧和大量的经验。"复杂"也是"简单"不停地重复，简单的景观不意味着丑陋，有时候简单的结构塑造，不仅维护起来会更容易，整体的观赏效果也会更佳，也是我们常说的"耐看"。

不断地模仿和重复

学习水族，最好的办法就是模仿。从简单到复杂，不断的模仿、不断的重复才是最快的学习途径。吸引人的景观一定是一件优秀的水族作品，运用了大量的美学原理，恰恰是通过模仿才能够快速地学习和实践，摸索到一定的"水族规律"。也可以快速地了解到各种水草的习性和不同的组合形式。

要有大胆的想象力和创造力

建立自己的景观缸体需要一定的想象力和创造力，进行大胆的尝试。我们通过模仿和重复，掌握到一定的美学规律后，自然而然就有了自己的想法和理解。可以通过自己的想法进行尝试，从而构建属于自己的景观风格。创造是一件很消耗脑力和时间的事情，但在看到最终的劳动成果和成景效果时，就会有一种成功的满足感。因为只有大胆地想象和创造，我们的水族景观设计才能实现不断的进步和发展。

要有耐心和坚持

每一个景观不一定都是成功的作品，甚至可能会使我们感到沮丧，我们要有心理准备。制作景观需要一定的耐心，如果不满意，拆除和从头再来都是很正常的事情。一个作品拆除 1 ~ 3 遍是司空见惯的，这时候不要烦躁，需要有一定的耐心。一个作品不一定是一气呵成的，往往可能经过长时间的构建，今天不行明天再来，每天都有不同的想法。这就需要我们一定要有耐心，通过一定时间的打磨，这个作品一定是自己所喜欢的成功作品。水景缸也需要一段时间的等待，才能有所成就，所以耐下心来给它一些时间，结局往往都不差。

建议大家多听、多看、多实践，加上耐心的等待，才能够有所成就。没有什么人生而知之，都是通过不断的学习，才有属于自己的一套景观体系。最后希望本书能给广大的水族爱好者一定的帮助，希望我们的水族景观给每一个家庭带来更多的希望和欢乐。

　　最后十分感谢华旗水族 ADA 中国展厅，国际友人 Herry Rasio、陈易圣、SanYow Su、廖国宏、王义翔、付岩松、梁劲、李爽、晓庄、以及草友"呼呼先生"的资料和支持！

图书在版编目（CIP）数据

一缸一景一世界：从这本书爱上水景缸 / 王振宇，
翟羽佳主编 . -- 哈尔滨：黑龙江科学技术出版社，
2021.11〔2024.11 重印〕
ISBN 978-7-5719-1132-4

Ⅰ . ①一… Ⅱ . ①王… ②翟… Ⅲ . ①水生维管束植
物 - 观赏园艺 Ⅳ . ① S682.32

中国版本图书馆 CIP 数据核字 (2021) 第 186502 号

一缸一景一世界：从这本书爱上水景缸
YI GANG YI JING YI SHIJIE:
CONG ZHE BEN SHU AI SHANG SHUIJINGGANG

作　者　王振宇　翟羽佳
责任编辑　马远洋　张云艳
封面设计　佟　玉
出　　版　黑龙江科学技术出版社
地　　址　哈尔滨市南岗区公安街 70-2 号
邮　　编　150007
电　　话　（0451）53642106
传　　真　（0451）53642143
网　　址　www.lkcbs.cn
发　　行　全国新华书店
印　　刷　运河（唐山）印务有限公司
开　　本　710 mm×1000 mm　1/16
印　　张　19.5
字　　数　300 千字
版　　次　2021 年 11 月第 1 版
印　　次　2024 年 11 月第 2 次印刷
书　　号　ISBN 978-7-5719-1132-4
定　　价　78.00 元